大学生的存在焦虑：
基于社会实践理论的视角

艾巧珍　著

知识产权出版社
全国百佳图书出版单位

图书在版编目（CIP）数据

大学生的存在焦虑：基于社会实践理论的视角/艾巧珍著. —北京：知识产权出版社，2019.3
ISBN 978-7-5130-6097-4

Ⅰ.①大… Ⅱ.①艾… Ⅲ.①大学生—社会心理学—研究 Ⅳ.①B844.2

中国版本图书馆CIP数据核字（2019）第028669号

责任编辑：高　超　　　　　　　　责任校对：谷　洋
封面设计：臧　磊　　　　　　　　责任印制：孙婷婷

大学生的存在焦虑：基于社会实践理论的视角
艾巧珍　著

出版发行	知识产权出版社有限责任公司	网　　址	http://www.ipph.cn
社　　址	北京市海淀区气象路50号院	邮　　编	100081
责编电话	010-82000860 转 8383	责编邮箱	morninghere@126.com
发行电话	010-82000860 转 8101/8102	发行传真	010-82000893/82005070/82000270
印　　刷	北京虎彩文化传播有限公司	经　　销	各大网上书店、新华书店及相关专业书店
开　　本	720mm×1000mm　1/16	印　　张	11.25
版　　次	2019年3月第1版	印　　次	2019年3月第1次印刷
字　　数	200千字	定　　价	56.00元
ISBN 978-7-5130-6097-4			

出版权专有　侵权必究
如有印装质量问题，本社负责调换。

前言 PREFACE

大学生是大学的重要主体。随着近年来我国社会的急剧变化以及高等教育的飞速发展，越来越多的大学生不积极参与课程学习、学术活动以及人际交往，普遍感到迷茫、焦虑乃至缺乏目标和生活的意义感，这些问题日益成为大学管理面临的难题。本书结合哲学、心理学以及社会学等领域的相关论述，将大学生的这种状态概括为"大学生存在性焦虑"，并对其内涵进行界定，进而展开深入研究。对大学生存在性焦虑的基本特征、深层次原因及形成机制进行深入分析与探讨，并从大学生个体、大学管理、社会等方面提出对策建议，以促进大学人才培养工作的有效开展，帮助大学生更好地成长和发展。围绕大学生存在性焦虑问题，本书主要开展了如下几个方面的研究：

第一，通过自编问卷，主要从安全感、意义感、自我认同以及价值感四个维度对150名大学生的存在性焦虑的总体程度及影响因素进行初步调查研究，根据SPSS统计分析得出：大学生存在性焦虑具有一定普遍性，但不同大学生的存在性焦虑程度有差异；大学生存在性焦虑与家庭月收入、父母受教育程度以及家庭居住地等因素显著相关。

第二，在调查结果基础上，根据不同家庭背景及社会阶层位置选取20名大学生进行初步访谈，然后根据目的抽样确定6名大学生作为重点研究对象，进行深入访谈，在此基础上，归纳出大学生存在性焦虑主要有行为上的迷茫、思想上的困惑、自我认同的混乱三种表现形式，以及存在性焦虑主要有生存型、适应型、发展型三种类型。

第三，在初步的调查和访谈研究基础上，进一步从理论层面来深入剖析。本书借用布迪厄的社会实践理论对大学生存在性焦虑表现及差异的深层次原因及形成机制进行深入剖析，着重从场域、惯习、资本的视角透视大学生存在性焦虑问题，分析大学生的自我认同危机、本体性安全缺失、价值观混乱以及存在性无助是如何受到大学生所具有的资本、惯习及连同场域的作用而形成的。从而揭示大学生存在性焦虑的内在机制及其背后所蕴含的深刻社会原因。

本书对大学生存在性焦虑问题形成进一步认识，并提出若干对策和建议，认为大学生个体应在复杂的环境中进行惯习调适与自我重构，通过积极的交往，改变与超越自我；大学管理方面应充分意识到大学生存在性焦虑问题的存在及其普遍性，理解大学生行为背后深刻的社会原因，在管理中关注大学生的社会阶层差异性，关注不同大学生的不同需要，让大学生在民主、平等的精神场域和学术氛围中成长与进步；社会应为大学生营造公平公正的环境和氛围，为大学生的生存和发展提供"保护壳"。

目录
CONTENTS

第一章　导　论　　1
第一节　"大学生存在性焦虑"问题的提出 / 1
第二节　"大学生存在性焦虑"研究的现状 / 12
第三节　"大学生存在性焦虑"研究方案 / 38

第二章　大学生存在性焦虑初探　　43
第一节　大学生存在性焦虑的初步调查 / 43
第二节　大学生存在性焦虑的初步分析 / 54

第三章　入大学之场：场域转换与角色适应　　79
第一节　"入场"前之"应然"：大学理想与期待 / 80
第二节　"入场"后之"实然"：大学管理与存在危机 / 86
第三节　基于惯习的大学生角色适应场域转换 / 102

第四章　在大学之场：资本争夺与阶层固化　　104
第一节　文化资本积累与价值观混乱 / 104
第二节　经济资本竞争与自我认同危机 / 112
第三节　社会资本获得与本体性安全缺失 / 120

第四节　资本积累与争夺下的社会阶层复制 / 127

第五章　离大学之场：惯习形塑与选择策略　　130

第一节　社会结构断裂的内在化：惯习形塑的等级分化 / 130
第二节　个体惯习的外在化：选择策略与不确定性 / 144
第三节　多重角色叠加融合下的选择策略与惯习生成 / 150

第六章　结论及研究的展望　　152

第一节　大学生存在性焦虑的社会学思考 / 152
第二节　大学生存在性焦虑应对的探讨 / 154
第三节　结束语 / 159

参考文献　　161

附　录　　168

附录 1　调查问卷 / 168
附录 2　访谈提纲 / 172

第一章

导 论

第一节 "大学生存在性焦虑"问题的提出

一、选题缘由与背景

1. 大学管理的困境

随着大学的不断发展和演变,现代大学已具有人才培养、科研教学和社会服务三大功能。而人才培养始终是大学最基本的职能和宗旨,是大学之所以存在的根基。几千年前,我国儒学经典《大学》中就明确写道"大学之道,在明明德,在亲民,在止于至善。"它向我们指明"大学"的宗旨在于弘扬人性中光明正大的品德,使人达到最完善的境界,再推己及人,使得人人都能除污染而自新、精益求精,做到最完善的地步并且保持不变。用今天的眼光来看,大学生活就是要让自己不断地弃旧图新,追求和达到完善的境界,成为一个真正的人,一个具备健康的思想情感、博大的胸襟、光明的道德情操、热情真诚的为人、淡然的自我、开阔的视野的人。其对大学宗旨和培养目标的精辟论述,对比今天的现实,不免让人感到忧虑。大学生大多处于18~22岁的年龄,正是血气方刚、风华正茂的时期,在经历了高考的浴血奋战后,本应在大学这片崭新的天地里实现他们美好的人生理想和自身价值。但如今校园中很多大学生在迷茫、困惑和彷徨中度过,"纠结""焦虑"是他们的普遍状态。有的大学生终日无所事事,对大学的活动、课程、交往等都提不起兴趣。他们曾经是同龄人中的佼佼者,而进入大学后却是"表面风光、内心彷徨",在碌碌无为中耗费自己的青春,对学习的意义和价值产生疑问,不知道自己的将来和方向在哪里。

"以人为本"是大学教育和管理的出发点和归宿,对大学生的关注就是对高等教育发展的关注。而大学在经历一个快速发展时期后,商业化、官僚化、技术至上和教育质量下降等问题已严重阻碍大学的进一步发展,使得大学的公众信任度不断下降。如今大学管理的科层化、官僚化以及技术主义倾向使得大学生的主体地位被忽视。[1] 科层化方面,现在很多大学生有一个共同感受,"学生在学校好像最没有地位,学校根本不关心我们也不管我们。"(一访谈学生语)笔者曾经听到某著名大学的一名大学生说"我们学校非常'自由',只要交了学费,随便你干什么无所谓,甚至死了都没人知道。"尽管这种情况不能代表大多数,但透过这样的言辞总能反映出很多问题。在一轮扩张和合并高潮之后,很多大学成为巨型学校,管理日益科层化,而科层化管理发展到一定程度不可避免使大学生沦为管理的"符号",大学制定的规章制度不仅陈旧过时而且不符合学生的实际,在实行过程中对于学生而言只是"一纸空文"。官僚化方面,从应然角度说,大学应该是一种文化组织和教育组织,具有文化属性、教育属性、学术属性,而现在大学管理的官僚化严重弱化了大学自我组织、自我管理和自我教育,破坏了大学组织的固有属性。[2] 就连大学中的学生会、学生社团等学生自治团体也不同程度地浸染了这种官僚化风气,论资排辈、"拉帮结派"等现象屡见不鲜。同时,在技术至上观念的影响下,大学的评价方式多采用量化指标为衡量标准,从学生的学习成绩到担任干部、参加活动、申请课题等都成为评奖评优的资本,这对大学生功利化行为起到推波助澜的作用,大学管理也在这种"标准化""技术化"中失去应有的人文关怀。今天的很多大学教师在大学商业化浪潮中也渐渐从"传道、授业、解惑"的老师变成学生的"老板",很少能够关注学生的心灵和成长,平常上完课就走人,与学生交流的时间很少。而学校对学生的日常管理注重表面的安全稳定,缺乏对学生深层次需要的关注,很少有对学生情感和心理的关怀,思想政治教育又往往不能深入学生的内心。大学生真正的思想困惑和迷茫在大学管理中是常常被忽视的,如何做人的教育在大学中也

---

[1] 王英杰. 大学危机:不容忽视的问题 [J]. 探索与争鸣,2005 (3):34-38.
[2] 肖起清. 大学危机十论 [J]. 江苏高教,2013 (5):34-37.

是最缺乏的。北大钱理群教授曾犀利地指出，现在中国的很多大学，其中不乏"一流"大学，都在培养"精致的利己主义者"。❶

而如今一部分大学生们正在失去理想信念，对社会和他人表现出疏离、冷漠，对外界事物既不关心也不感兴趣；价值观混乱，价值取向趋于功利化，视参加活动、担任干部等为评奖评优的手段；对学校的课程和专业学习缺乏兴趣，逃课、旷课等厌学现象以及考试不诚信现象普遍存在，不再有对知识追求的崇高感和意义感；有的大学生找不到自身的目标和发展方向，不知道自己到底要做什么，成天无所事事，甚至沉迷网络；对于大学的管理及宣传教育往往是应付了之，并没有产生内心的认同……如今的大学生似乎成为大学中的"游离部落"，青年学子的活力和风采在这个被誉为"精神家园"的大学里日渐变得萎靡和暗淡。这无疑是值得我们大学管理应高度重视和关注的严肃话题。

2. 社会背景

改革开放以来，中国社会发生了巨大变化和深刻调整，从传统的计划经济体制转向社会主义市场经济体制。市场化、工业化以及现代化等社会变迁浓缩在同一个时空中进行，构成了中国社会史无前例的巨大转型。因此，有人感慨，中国自1978年改革开放以来的四十年压缩了西方从工业革命以来几百年时间才得以完成的现代化转型。❷ 尤其是自20世纪90年代以来，社会改革逐渐向纵深发展，社会制度、社会观念、社会结构等无不发生巨大转变。与此同时，社会阶层结构也发生了深刻变化。1999年，中国社科院的陆学艺先生对当前社会阶层的变化情况做了总体分析，并于2002年发布了《当代中国社会阶层结构研究报告》，报告以职业分类为基础，以组织资源、经济资源、文化资源的占有状况为标准，把所有社会成员划分成为十大阶层，分别是：国家与社会管理者阶层、经理人员阶层、私营企业主阶层、专业技术人员阶层、办事人员阶层、个体工商户阶层、商业服务业员工阶层、产业工人阶层、农业劳动者阶层、城乡无业、失业、半失业者阶层。❸ 这十大阶层是从

---

❶ 魏干. 谁造就了精致的利己主义者 [J]. 民主与科学, 2012 (2): 80.
❷ 李强. 转型时期的中国社会分层结构 [M]. 哈尔滨：黑龙江人民出版社, 2002: 总序.
❸ 陆学艺. 中国社会阶层结构变迁60年 [J]. 中国人口·资源与环境, 2010 (3): 1-11.

改革开放前的农民、工人和知识分子三个阶层不断演变和分化而来的，各阶层依据其所占有资源的不同处在整个社会阶层结构中的不同序列和位置，各阶层之间的社会、经济和生活方式以及利益认同的差异日益明晰化，阶层的界限越来越明显，而且这种结构正在趋于稳定，构成我国社会阶层的基本面貌。我们知道，关于现代化的阶层结构学术界有一种比较形象的说法，即中间大两头小的"橄榄型"结构，这种社会阶层结构意味着拥有庞大的社会中间层。而在剧烈的社会改革和变迁过程中，我国社会形成了大量弱势群体和底层群体，比如下岗职工、农民工以及失业、无业人员等，有人说这是一种"金字塔型"的结构，也有人称之为"倒丁字型"❶ 的社会结构。清华大学孙立平教授在谈90年代以来的中国社会阶层结构时指出，中国社会是一个"断裂"的社会，"所谓断裂，是指在一个社会中，几个时代的成分并存，互相之间缺乏有机联系。如农业文明、工业文明和信息技术时代同时并存。"❷ 他认为整个社会的资源开始重新聚集，一方面产生了少量拥有大量资源的强势群体，另一方面形成了大量社会贫困和弱势群体。❸ 孙立平借用法国社会学家图海纳的话说，就像一场马拉松比赛，原来所有的社会群体都处在同一个社会结构中，而现在很多人已被甩到结构之外，并且这部分人很难再被纳入社会结构中来。❹ 社会的转型和结构的断裂必然产生一系列问题。传统利益分配格局被打破，社会分化加剧，区域、行业之间的发展不平衡，贫富差距的日益拉大，经济、政治文化等各领域的"失范"现象日益增多，对人们的生活尤其是涉世未深的大学生带来巨大影响和冲击，使得大学生面临诸多不确定性和风险。

在我国社会发生翻天覆地的变化的同时，西方社会学家认为整个人类已经进入"风险社会"。早在1968年，贝克就富有洞察力地提出了风险社会的理论，并迅速在20世纪后半期成为学术界关注的焦点。在《风险社会》一书中，贝克使用"风险社会"来概括和描述后工业社会的特征，并进一步使之理论化，阐明当代人正生活在"文明的火山口"上，认为当代社会的风险具

---

❶ 李强."丁字型"社会结构与"结构紧张"[J]. 社会学研究，2005（2）：55-71.
❷ 孙立平. 断裂——20世纪90年代以来的中国社会[M]. 北京：社会科学文献出版社，2003：6.
❸ 孙立平. 失衡：断裂社会的运作逻辑[M]. 北京：社会科学文献出版社，2004：4-5.
❹ 林凤. 断裂：中国社会的新变化——访清华大学社会学系孙立平教授[J]. 中国改革，2002（4）：18-21.

有两个鲜明特征，一是人为的不确定性因素越来越多；二是现有的制度和结构变得越来越复杂、偶然和裂变。在这种情况下，每个人都陷入一种前所未有的风险之中，人们对自己、对他人和对组织的行为后果变得不确定和无法预期，从而产生一种强烈的担忧。正如英国社会学家吉登斯所言，每个人都被裹挟和笼罩在一个"失控的世界"中，产生"存在性焦虑"。

身处在当前中国社会多重风险叠加时期的人们大多感到不适应，"全民焦虑"已成为当下中国一个不可忽视的社会问题，沮丧、担忧、渴望安全等焦虑情绪是社会转型期人们的普遍心态。这种焦虑我们每个人都深有体会，既可以从周围的人身上感受到，也能通过电视、网络、报纸等各种媒体报道感受得到。老百姓会担心买不起房而焦虑；大学毕业生为找不到工作而焦虑；学者、教授们因职称、课题而焦虑；公司白领由于竞争压力过大而焦虑；拥有巨额财富的企业主们因担心政策的变化和调整可能让他们一夜之间倾家荡产而焦虑；公务员因升职而焦虑；官员为保住自己的位子而焦虑……

大学是现代社会的重要组织，随着社会的高速发展，大学已日渐从社会的边缘走向舞台的中心，可以说今天的大学就是一个"小社会"。当整个社会整体充斥着焦虑和浮躁气氛时，大学的生存和发展也经受着严峻的考验和挑战，有学者用"大学危机"来形容当今大学的处境。[1] 自20世纪90年代末以来我国高等教育经历了前所未有的跨越式发展，在短短十几年的时间内从"精英教育"阶段迈入"大众化"阶段。1999年到2008年10年时间里，大学入学人数一直保持较高增长，平均增速为19.2%，头7年的增速甚至高达25.3%。2002年在校大学生总人数已超过1600万，毛入学率达15%，比原定于2010年达到15%实现大众化的目标提前整整8年。到2007年，在校大学生人数已达2700万，一跃超过美国而居世界第一，高等教育毛入学率达23%。[2] 2016年，我国在校大学生人数为26.53人。正如彼得·斯科特（Peter Scott）所指出的那样："高等教育大众化发展并不是一个孤立现象，它是现代世界后期更广泛、更深刻的转型的一部分。"[3] 但是在规模大幅扩张的

---

[1] 王英杰.大学危机：不容忽视的问题[J].探索与争鸣，2005（3）：34-38.
[2] 欧阳康.中国高等教育30年的观念变革与实践创新[J].中国高等教育，2008（17）：14-16.
[3] 安东尼·史密斯，弗兰克·韦伯斯特.后现代大学来临[M].侯定凯，赵叶珠，译.北京：北京大学出版社，2010：72.

同时也出现种种问题，如大学教育质量的滑坡：课程设置滞后，学习方式陈旧等；大学沾染了浓厚的商业化和官僚化色彩：大学企业化，教师和学生行为的功利化，大学管理的技术化等。大学的精神危机、信任危机、制度危机等一系列问题都让人堪忧。任教哈佛大学30年的哈佛学院前院长哈瑞·刘易斯在反思美国著名大学的办学方向和目标时，用"失去灵魂的卓越"来形容很多名校的行为，犀利地批评和痛陈著名大学是如何失去其宗旨的。❶

信息化是现代社会的重要特征。它已经深入人们生活的各个领域，并成为日常生活的重要组成部分，有学者在波普尔"三个世界"划分的基础上增加了"虚拟和网络世界"的概念并提出"四个世界"的理论，从而在理论上确认了网络媒体对于人类社会的作用和深刻影响。❷ 网络世界一方面大大拓展人类社会实践的空间和领域，另一方面其虚拟性和迅速蔓延的特性也给人们的生活增添了诸多不确定性因素。尤其对于出生和成长在信息化飞速发展时期的当代大学生而言，网络不仅是他们用来娱乐和自我表达的方式，也是大学生社会交往的重要途径，网络媒体的双刃剑效应在大学生身上有更加明显的体现，社会的风险和不确定因素通过网络这个"风险放大站"对大学生的价值观、自我认同等方面产生强烈冲击和深刻影响。

3. 个人经历

"我如何想到并做一项研究，这可能就揭示了个人的生活经验怎样滋养了他所从事的学术研究。"❸ 著名社会学家米尔斯在谈论治学之道时如是说。我国学者吴康宁教授认为，"真正的研究应当是研究者的一种生命运动，应当是研究者自身生活史的一种延续"。❹ 作为一名初入学术道路的初学者，我与"最好的理论""真正的研究"或许还相距甚远，但是，我却是带着真实的生命历程和原始的研究冲动投入论文当中。它不仅仅是一个单纯"为研究而研

---

❶ 刘易斯. 失去灵魂的卓越：哈佛是如何忘记其教育宗旨的 [M]. 侯定凯, 等, 译. 上海：华东师范大学出版社, 2012：5.

❷ 张之沧. 第四世界论 [J]. 学术月刊, 2006 (2)：5-12.

❸ C. 赖特·米尔斯. 社会学的想象力 [M]. 陈强, 张永强, 译. 北京：生活·读书·新知三联书店, 2005：216.

❹ 吴康宁. 教育研究应研究什么样的"问题"——兼谈"真"问题的判断标准 [J]. 教育研究, 2002 (11)：8-11.

究"的过程，某种程度上也是对自我生命历程中的困惑和我所属群体的命运的深切关注。

由于在多年教育学专业的学习和实践中大量与学生群体接触，长时间的熏陶让我对学生群体的关注变成了一种内在的敏感。每次参与实地调研和考察时，不论到什么学校，我都会留心观察学生，与他们交谈，观察他们的行为举止、精神风貌，了解他们的学习和生活状态。虽然还远达不到"窥一斑，见一豹"的通达境界，但是内心一直深信，教育的所有因素都会在学生身上得到体现，在每一个鲜活的生命体身上反映出来，正如从一个孩子身上总能看到家长的影子一样。每到一所大学，我首先不是看他的教学楼多么气派，校园环境多么怡人，而是通过学校大学生的言行举止和精神风貌来感受大学的文化和底蕴。也许是因为这样一种"偏好"，不论在哪个城市，常常喜欢去当地的大学"闲逛"，感受不同的大学文化，也感受现代大学生的风貌和生存状态。在无数次这样的穿行中，心中的一种感性直觉越来越明显和强烈，越发觉得现在的大学有的是雄伟气派、鳞次栉比的教学楼，但是也总觉得似乎缺少了某种内在的东西，在时间的沉淀中，慢慢意识到它缺少的正是一个大学之所以为大学所应有的，那就是大学生的活力与生机，那种青年学子身上由内而外所散发出的生命力，大学本应有的那种"结庐在人境，而无车马喧"的气息和氛围……与一栋栋高楼大厦相比，大学的主体似乎显得有些突兀。青年强则国强，从社会继承的角度来说，他们是下一个10年、20年后的中坚力量，是祖国未来建设的脊梁。青年时期是一生中精力最旺盛的时候，也是最宝贵的学习阶段，本应该有初生牛犊不怕虎的闯劲和远大理想的时候，而每当我在大学校园这个"高智商的青年聚居区"里看到没有生气的脸庞和空洞的眼神时，不禁感到困惑不已、五味杂陈。

笔者亲历了从本科、硕士研究生到博士研究生的整个大学阶段，作为其中的一分子也对大学生活有着切身体验。在每年新学期入学典礼上，都会有老教师叮嘱和教诲新一届莘莘学子要好好珍惜来之不易的上大学的机会，让大家意识到能够脱离亿万老百姓所从事的艰苦而繁重的体力劳动，有一大段完整的时间专门学习，是十分宝贵的，也是多少人梦寐以求的，一定要踏踏实实地刻苦学习和钻研，好好利用和珍惜时间。而现实却非如此，一边是师者的铮铮忠言，一边是大学生的纠结、郁闷、迷茫和虚度光阴……

在笔者从事两年专职学生辅导员工作的过程中，作为一名大学基层和一线的管理人员，与大学生有频繁接触，让我从另一个角度对大学生的生活和状态有更深刻的感触和认识。如果说，前些年挂在大学生口头的"郁闷""焦虑""烦躁"多少还有些"少年不识愁滋味，为赋新词强说愁"的味道的话，如今它的确已经成为大学生活的真实写照，是大学生内心深处无聊、孤独、无助、困惑、沮丧和无望的代名词。在担任辅导员和班主任的过程中，笔者经常会有各种各样的困惑，很多同为大学生辅导员的老师也感到现在的大学生越来越"难管"了：班级活动组织不起来，人际交往越来越疏远……

  出于自身的敏感和工作的需要，笔者对大学生的生存状态特别关注，经过长期的观察和了解，发现现在的大学生活似乎可以用这样的场景来描述：课堂上，逃课、迟到、早退已经司空见惯，有的大学生甚至说"没有逃过课的大学是不完整的大学"；坐在教室里的学生大多是"身在曹营心在汉"，玩手机、看电脑、看其他书籍、趴在桌上睡觉等五花八门，一堂课有少数几个学生跟着老师的节奏认真思考和发言便是难能可贵了；社团活动中，报名时的场面也许很火爆，但是能长期坚持下来的却寥寥无几，往往到最后只剩下几个"光杆司令"了；学术讲座和集体活动中，学生参与度和积极性也不乐观，即使管理部门把活动信息发送到每个同学的手机上，再加上通过班级群、邮件等多种途径和方式来动员，活动现场还是"人烟稀少"；在各种大型会议和论坛中，你会发现积极提问题的很少，能提出有见解、有深度的问题的更少，积极参与讨论、有思想的火花迸发的学生屈指可数；对于作业和考试，平时草草应付了事，到了期末考试往往疯狂刷夜，各显神通搜集各种各样的考试资料，以便能够通过考试或者能拿个好成绩；社会实践活动更是流于形式，比如暑期社会实践很多人抱着去"游山玩水"的态度；也有的同学整天在各种活动中忙碌奔波，时间几乎被安排得满满当当，但是当他们偶尔停下来的时候却发现不知道自己忙了些什么，也不知道如此忙碌究竟是为了什么；同学交往和师生交往越来越少……这不禁让人不解和疑惑，这就是我们渴望的大学生活？为什么本应充满活力的大学生会是这样一种颓废的状态呢？

  另一方面，大学中越来越流行"宅"文化，"宅男""宅女"似乎成为一种时尚，他们通常可以坐在电脑前长时间不离开，男生一般尽情沉醉在网络游戏中，女生则可能沉浸于各种电视剧情里，也有的在各种各样的网上八卦或网页浏览中乐此不疲；他们对现实生活中的事情不那么感兴趣，不喜欢参加学校或班集体活动；不能专注地去做某一件事情，而是不停地变换着生活的"主题";对于宝贵的大学学习机会和美好时光,有的人在随波逐流中虚度,有的人在"忙、盲、茫"中迷失,甚至荒废了学业。同时,大学生的心理问题却越来越多,焦虑、抑郁甚至自杀等极端事件屡见不鲜,日益引起社会各界的关注和重视。很多高校专门设置了心理咨询中心,院系层面也开设生活指导室,为大学生提供专业的心理咨询和辅导。

随着实践的深入以及进一步学习与思考,埋藏在心底的疑惑和追问变得越来越强烈,到底是什么原因让一个个本应释放生命活力和创造性的年轻学子如此低迷和消沉呢?为什么会有很大部分大学生在最应该学习知识、增长才干的年纪无所事事,对学习、活动、交往等要么抱着"不积极、不参与、不主动"的态度,要么是终日忙忙碌碌却不知所为哪般呢?上述情形可以说是目前大学中普遍存在的现象,作为大学的一员和一名教育研究者,一则为之不解,一则因之堪忧,是为本书的缘起。

二、研究对象

针对大学生所表现出来的对学习、活动以及交往等方面的不认真、不积极、不参与等现象,对自我的迷茫与无奈以及对学校管理、他人及社会的不认同等问题,本书结合哲学、心理学以及社会学相关理论和论述将大学生的上述各种状态概括为大学生存在性焦虑。焦虑本身就是一个复杂且深刻的问题,在心理学中的研究由来已久而且研究颇多,但是对其定义尚未统一。可想而知,大学生存在性焦虑问题的复杂性自不待言,本书拟采用多种方法并着重结合理论分析从社会结构和背景因素方面对大学生存在性焦虑问题进行深入分析和探讨。本书拟围绕以下三个问题展开研究:

①大学生存在性焦虑的类型及基本特征;
②从社会实践理论,特别是"场域""惯习""资本"及其之间关系的视角透视大学生存在性焦虑的深层次原因及形成的内在机制;
③大学管理如何应对大学生存在性焦虑问题。

三、研究意义

大学生已经成为社会中一个重要而特殊的群体,大学生的健康成长和发展直接关系到人才培养的质量及大学的长远发展，也牵动着每一个家庭的幸福和希望，更关乎社会的进步、创新和发展。因此，本书立足大学生群体，结合当前中国处于剧烈转型期的社会背景揭示他们的真实生存状态，剖析大学生存在性焦虑的表现和类型，深入探讨其深刻原因和内在机制，既具有理论价值又具有深远的实践意义。

1. 理论意义

（1）深化对大学生存在性焦虑的认识和理解

对于大学生存在性焦虑的内涵，已有研究大多沿用哲学和心理学中的概念及理论，主要根据人本主义心理学家布根塔尔提出的四个维度，即死亡和命运、无意义感和空虚、罪责和歉疚、孤独和疏离这四个方面来进行研究。这就使得已有研究主要停留在抽象意义层面，而较少进行具体的实证研究。关于存在性焦虑的研究数量本就不多，更谈不上成熟的研究范式和体系。笔者在可查找到的文献中发现仅有两篇心理学硕士论文根据布根塔尔的概念进行量化实证研究，主要针对个体心理的角度进行分析，在原因探析上泛泛而谈，缺少深入剖析存在性焦虑到底是如何产生的，也未结合当代中国的社会变迁和社会转型的历史背景将存在性焦虑的内涵加以本土化，尤其是结合大学生的实际生活来进行概念界定的几乎没有。本书结合社会学的相关理论和成果，运用问卷调查、深入访谈以及理论分析的方法，探讨大学生在当下中国社会转型和变革的时代背景下真实的生存状态和深切的焦虑体验，探寻大学生对自我、价值、意义的思考和追问，从而深化和拓宽对大学生存在性焦虑的理解和认识。

（2）运用社会实践理论视角透视大学生存在性焦虑

本书突破以往要么偏向哲学的思辨研究，要么依赖于心理学进行的个体内在特征分析，运用社会实践理论对大学生存在性焦虑进行深入、细致阐释。大学生存在性焦虑问题是伴随着我国社会的急剧变迁和转型出现的，具有强烈的现实性、时代性、深刻性以及复杂性。布迪厄社会理论中的场域、惯习以及资本等分析工具可以很好地沟通个体行动者与社会结构之间的关系，深刻揭示出大学生存在性焦虑的社会关联，展现在宏观社会结构中个体是如何行动的，也透过微观个体的行动来洞悉社会变迁与个人际遇之间的密切联系。本书系统地运用资本、场域和惯习的概念及其关系来分析大学生存在性焦虑的实践场所、实践工具及实践逻辑，深刻地展现了大学生存在性焦虑在实践中是如何产生的，既能够贴近大学生的生活实际，又能从理论层面反思建构大学生的生活空间。

2. 实践意义

大学生是社会进步和发展的生力军，他们有知识、有文化，接受新鲜事物和学习能力强，有较强的理性思考能力和批判能力，在国际竞争日益激烈，我国迈向富强民主的强国道路的关键时期担负着历史的重担，他们是最可宝贵的人力资源。因而，关注和研究大学生的生存状态具有强烈的现实意义。主要体现在以下几个方面：

（1）提升大学生的自我反思意识

当前中国社会处在人类现代性风险和我国社会转型双重风险叠加的特殊时期，社会发展的不确定让人们普遍缺乏安全感和感到恐慌，人与自然的关系紧张，人际间关系的疏离、冷漠，自我认同出现危机，加上贫富差距拉大、社会发展失衡、人们内心的"被剥夺感"越来越强烈、公共安全问题等不一而足。大学生既处于人生发展的重要阶段，也是心理脆弱和承受能力不足的时期，紧密结合时代和社会背景呈现大学生的生存状态，把个人困扰与社会的"公共议题"联系起来，有利于大学生从更广阔的层面认识和理解自身的处境以及深层次缘由，从而更好地把握自我的命运和面对生活中的困境。正如社会学家米尔斯所言，"社会学的想象力"是一种心智品质，这种品质可以帮助大学生利用信息增进理性，从而使他们能够看清世事以及所发生的事情的清晰全貌。这种理性的心智品质往往可以给人一种新的认识视角，自觉地意识到社会结构、历史发展和变迁与个人人生际遇的内在关联，以更好地把握自身命运，克服冷漠和焦虑，积极地建构与超越自我，更好地自我实现。

（2）为大学生存在性焦虑问题提供对策建议

教育研究或者教育问题本身具有很强的实践性质和行动意味，对问题的关注，最终目的在于它的解决。大学生的成长和发展背后所承载的不仅是个人的命运，它也牵动着千万个家庭的幸福，更是承载了国家和民族的未来。本书所呈现和揭示的大学生存在性焦虑，是与当今中国转型期的社会制度、社会结构、舆论氛围以及大学的价值取向、功能定位、制度设置、文化氛围等密切相关的，大学生的存在性焦虑并不仅仅是个人问题，更是一个社会问题。因此，要应对或减轻大学生的存在性焦虑，激发大学生的生机和活力，提升他们的生命质量，更需要从政策和管理制度等层面提供支持和予以重视，需要家庭、社会、媒体等与大学形成合力构建大学生学习的良好环境，为大学生的发展营造良好的空间和平台。尤其是在大学管理方面，要充分意识到大学生存在性焦虑问题的存在，关注不同大学生群体之间的差异，有针对性地对不同学生进行相应管理，以人为本，为其发展营造开放、平等的氛围，帮助不同特点的学生更好地实现自身价值。从而促进大学教育健康发展，为社会进步和发展提供不竭的动力，也是建设和谐社会的题中之意。

第二节 "大学生存在性焦虑"研究的现状

一、主要概念界定

1. 存在性焦虑

焦虑是心理学中的一个重要概念，对它的研究由来已久，但即便如此，学术界对于焦虑概念仍然没有一个统一的、公认的定义，由此可见焦虑的复杂性。

一般认为，焦虑（anxiety）是个体对即将来临的、可能会造成危险或威胁的情境所产生的紧张、不安、忧虑、烦恼等不愉快的复杂情绪状态。焦虑产生于危险不明确而又会来临时，人对危险持有警戒态度，并伴随有无助、不安、紧张、忧虑等心理状态[1]。它是一种多成分、多维度的复杂的心理过程，包括生理、心理和行为三方面的一系列反应。

存在性焦虑（existential anxiety）是人本主义心理学家对本体论意义的焦虑的一种定义。早在19世纪初，基尔克郭尔从本体论意义提出"焦虑是人在面对自由选择时所必然存在的心理体验"[2]。他认为，焦虑是人的特殊存在状态，如果没有焦虑，那么他要么是动物，要么是天使。也就是说，人只要存

---

[1] 张春兴. 现代心理学 [M]. 上海：上海人民出版社，1997：102.
[2] 基尔克郭尔. 概念恐惧·致死的病症 [M]. 京不特，译. 上海：上海三联出版社，2005：54.

在这个世界上,就会有焦虑。这对后来被称为"第三势力"的心理学派——人本主义心理学产生了直接影响,这种焦虑理论认为,焦虑具有"本体论"性质,是人的本体论结构中的重要组成部分。蒂利希认为,存在性焦虑是由于对非存在的恐惧和不确定性而导致的一种状态,在这种状态中,存在者对自己存在的真实性产生了怀疑。他认为这是人之为人会自然产生的焦虑。美国首届"人本主义心理学会"主席布根塔尔首次对"存在性焦虑"予以定义,即"存在性焦虑"是由人的生存境况决定的,它产生于人的本体论的被给予性(指人最根本的生活状况和条件)基础之上,是人在面对自身与世界的被给予性及其间关系时所产生的一种自然的主观状态。❶ 社会学家吉登斯在其著作《现代性与自我认同》中将其定义为"对不确定性的恐惧"。❷

本书综合以上哲学、心理学和社会学的相关论述,结合中国当代社会背景和大学生生活实际,认为大学生存在性焦虑是指:伴随全球风险社会、当下中国社会变迁、阶层固化等所带来的诸多不确定因素,以及社会生活的多样性、大学管理的非切合性等方面的问题,给大学生造成的价值观混乱、自我认同危机、本体性安全缺失、存在性无助,以及与之相关联的理想、意义感丧失,被动应付,缺乏创造性等这样一种生存状态。它不同于一般意义上的焦虑,或心理学、生理学上由于某一方面的问题而造成的焦虑,也不同于大学生焦虑的极端形式自杀、生命消逝等。

本书探讨处于社会大背景以及社会结构中的大学生个体的真实的生存状态,正如社会学家米尔斯所言,运用社会学的想象力把个体的处境和社会的大环境联系起来,把个体的困扰放到社会的宏大背景中去,在"公共议题"中讨论个体的问题,以结合"大世界"的变化来观照作为"小人物"的大学生内心深处的所思所感,以及剖析造成大学生存在性焦虑的深层原因。

2. 自我认同

大学生正值青春期,处于自我同一性确立的关键时期,也是被美国心理学家艾瑞克·埃里克森称为最容易产生自我认同危机的阶段。现实中,我们经常看到大学生,有的缺乏自信,对自我易产生否定评价;有的大学生对他

---

❶ 杨鑫辉. 心理学通史(第五卷)[M]. 济南:山东教育出版社,2000:97.
❷ 安东尼·吉登斯. 现代性与自我认同[M]. 北京:生活·读书·新知三联书店,1998:220.

人容易疏离，随波逐流或者特立独行；有的喜欢愤世嫉俗或者玩世不恭，其实这些外在的表现都是大学生自我认同危机的体现。在笔者可查阅的文献中，发现心理学中与存在性焦虑的实证研究都把它与自我同一性联系起来，如陈坚在其硕士论文中对大学生存在焦虑、自我同一性与焦虑、抑郁的关系进行了研究，发现自我同一性类型不同的大学生的存在焦虑呈现出显著性差异，其中同一性早闭型大学生存在焦虑水平最低，同一性扩散型的大学生存在焦虑水平最高。孙大强在《大学生自我同一性与存在焦虑关系研究》中发现：在同一性与焦虑上，学生的性别影响没有表现出充分的统计学显著性，学生的家庭背景与其存在性焦虑程度及自我同一性程度有一定相关。郑秀娟的硕士论文中以中学生为研究对象进行了存在焦虑与自我同一性关系的研究，发现不同类型同一性地位的中学生存在焦虑有显著差异。可见，大学生的自我认同与存在性焦虑密切相关。

对自我认同的研究也有很多，而且涉及哲学、心理学、人类学以及社会学等不同学科领域。自我认同一词来源于拉丁文，原意为"同一""相同"，最早由弗洛伊德提出。[1] 自我认同问题的出现以及大量的相关研究是伴随着现代社会而产生的。在弗洛伊德之后，查尔斯·泰勒、埃里克森、吉登斯分别从哲学、心理学和社会学对自我认同问题进行了具有代表性的论述。根据埃里克森的理论，自我同一性（即自我认同）是"一个'位于'个人的核心之中，同时又是位于他的社会文化核心之中的一个过程。"[2] 他认为自我同一性在认同中的核心地位，也说明自我认同是与个体所处的社会文化环境联系在一起的。吉登斯则认为，"自我认同并不是个体所拥有的特质，或一种特质的组合。它是个体依据个人的经历反思性地理解到的自我。"[3] 吉氏侧重于分析自我认同的内在机制，而且强调自我认同是一个过程，是动态的、持续的，而不是被给定的，个体的反思监控在其中发挥重要作用。泰勒从最简化的角度表述了自我认同，即自我认同就是"我是谁"的问题，而"如何回答这个问

---

[1] 江琴. 当代大学生自我认同危机的成因分析 [J]. 赤峰学院学报, 2009 (3)：148-150.

[2] 艾瑞克·埃里克森. 同一性：青少年与危机 [M]. 孙名之, 译. 杭州：浙江教育出版社, 1998：197.

[3] 安东尼·吉登斯. 现代性与自我认同 [M]. 赵旭东, 方文, 译. 北京：三联书店, 1998：58.

题，意味着一种对我们来说是最为重要的东西的理解。"❶ 在此，泰勒为我们指出了自我认同关乎个体最内在和本体的安身立命的至关重要性。

结合以上论述，本书认为大学生自我认同即大学生个体在社会生活中对自我的身份以及自我角色的确认，能够对自我的过去、现在以及将来进行有机地整合，确立自身的价值和理想，并在其所生存的环境（主要指大学场域）中找到真实的自我和确立最终的自我归属。

二、相关研究状况及成果

1. 关于焦虑的研究

（1）焦虑的理论研究

焦虑（anxiety）是个体对即将来临的、可能会造成危险或威胁的情境所产生的紧张、不安、忧虑、烦恼等不愉快的复杂情绪状态。焦虑来临时，会伴随有无助、不安、紧张、忧虑等心理状态。❷ 它最初用于希腊文学和哲学中，那时候人们认为只有在高尚的人身上才会出现焦虑情绪，把它当成一种好兆头。在后来的使用中慢慢改变了含义，随着社会的不断发展，它慢慢变成了一种困扰人们的心理问题。最早提出焦虑概念的是作为哲学家的基尔克郭尔，他在其《概念恐惧·致死的病症》中指出，焦虑是人面对自由选择时的心理体验，也是与人的自我意识的发展密切相关的，他认为"对虚无的恐惧"是人面临的最大焦虑，因为它攻击着存在的核心。而对焦虑进行深入系统的研究还是从弗洛伊德开始的，在他之后形成了大量追随者，并产生了关于焦虑的几大理论流派，主要有精神分析学派、人本主义心理学派、行为主义学派三大流派。

①精神分析学派的焦虑理论

弗洛伊德在继承前人的基础上，对焦虑做了一个总结，可以说他是集大成者。弗洛伊德的心理学理论对焦虑给予了很高的重视，他在早期和晚期形成了两种焦虑理论，被称为"第一焦虑理论"和"第二焦虑理论"。在早期

---

❶ 查尔斯·泰勒. 自我的根源：现代认同的形成 [M]. 韩震，等，译. 南京：译林出版社，2001：37.

❷ 张春兴. 现代心理学 [M]. 上海：上海人民出版社，1997：102.

的焦虑理论中，他认为人总是受到社会文化的压抑，焦虑是由被压抑的性本能也就是力比多的释放受到阻碍而形成的。在这个意义上，他认为本我是焦虑的根源。到了后期，他发现本我的压抑并不能直接导致焦虑，而是自我冲突带来的结果，自我把它当成一种危险的信号而产生的一种防御机制便是焦虑。由于弗洛伊德过于重视力比多和性本能的作用，过分强调无意识的因素，后来的精神分析学派如社会文化理论流派、人际关系论、人本主义精神分析理论等一方面接受弗洛伊德的理论，另一方面更加强调社会文化和人际交往等对焦虑的作用。

②行为主义学派的焦虑理论

行为主义学派是强调刺激反应与行为之间关系的一种理论流派。行为主义的焦虑理论认为焦虑是通过学习而习得的结果。米勒（Miller）和多拉德（Dollard）在承认弗洛伊德焦虑理论的基础上，用赫尔学习理论中的一些概念解释焦虑，把内驱力、线索和反应看成是一种焦虑发生的原因、条件和结果，认为焦虑的产生有两个途径：焦虑是在一级内驱力恐惧的基础上形成，焦虑由内驱力不一致导致的冲突引起，是有机体用来回避有害刺激的一种调节机制。❶ 班杜拉是学习理论的代表人物，他认为焦虑与自我效能有着密切关系，焦虑的产生是人类生存中的一种机能偏差。当个体缺乏自我效能感的时候，才会形成潜在的让人厌恶的焦虑。

③人本主义心理学派的焦虑理论

人本主义心理学家与存在主义有密切关系，他们认为人"存在先于本质"，或者说人的存在就是人的本质，而焦虑是由人的内在冲突所引发的一种不可避免的情绪反应，也就是说，只要生而为人，就会焦虑。著名人本主义心理学大师罗洛梅认为，焦虑是当人的存在受到威胁时的反应，这种存在不仅包括生命本身也包括与其生命同等重要的某种价值。马斯洛从人的需要出发，认为当人的基本需要得不到满足时，就会带来心理上的威胁，包括焦虑在内的所有心理上的病都源于此。

（2）焦虑的实证研究

从研究工具来说，焦虑的测量工具始于大量的医学临床报告，自20世纪50年代以来，取得了很大进展，测量表的制定为焦虑研究提供可靠的工具和

---

❶ 党彩萍. 焦虑研究述评 [J]. 西北师大学报, 2005 (4): 99–103.

必要前提。现在心理学界使用得较为广泛的量表主要有：汉密顿焦虑量表（HAMA），斯皮尔伯格等人编制的状态—特质焦虑量表（STAI），Zung编制的自评焦虑量表（SAS）以及沙拉松等人编制的考试焦虑量表（TAT）。结合以上工具，焦虑的实证研究对象十分广泛，从儿童、青少年到老人等不同年龄段的群体，从教师、学生、工人到军人等不同行业人群，也有研究神经症、癌症患者等特殊群体的。在实证研究中，焦虑的相关研究最为多见，这类研究主要探讨个体的人格因素、归因风格、认知方式以及个体特征（如年龄、性别等）与焦虑之间的关系。

（3）大学生焦虑的研究

心理学中已有的对大学生焦虑研究主要集中在两个方面：一是通过大量调查得出大学生焦虑水平高于全国常模，并且存在年级、性别、城乡等差异；二是对大学生焦虑的原因进行探讨，表明社会、家庭、个体、学校等因素都发挥了作用。

曾成义通过对400名大学生的问卷调查研究，结果显示当代大学生焦虑的影响因素中年级、专业兴趣、人际关系、父母职业、父母文化等方面存在显著性差异。黎伟的研究发现，地域、年级、专业对大学生焦虑程度和影响因素都不同，具体来说，农村大学生相比与城市大学生受经济因素影响更大；城市大学生在健康因素方面比农村大学生更高。不同专业对大学生的学习、就业以及经济等因素都存在显著性差异。不同年级的大学生在自我发展、学习、人际交往与就业等方面都存在显著性差异。唐月芬从大学生"应该自我"与"实际自我"的差异方面来研究大学生的焦虑水平，发现两者之间显著相关，"实际—应该"自我的差异总分能够预测大学生的焦虑程度。❶武成莉在研究中发现，不同的因素能够预测不同类型的焦虑，大学生的友善、自我接纳、学业表现、家庭等对状态焦虑有较强的预测作用；而交往、学业、家庭以及自我接纳对大学生的特征焦虑有较强的预测作用；同时，大学的自我概念中很多因子与大学生焦虑呈负相关。❷

---

❶ 唐月芬. 大学生焦虑心理的实证研究：应该自我与实际自我的差异分析[D]. 广西师范大学硕士学位论文，2004：1.

❷ 武成莉. 大学生焦虑与自我概念、应付方式的相关研究[D]. 华南师范大学硕士学位论文，2004：1.

(4) 小结

焦虑本身是一个复杂的概念，其含义从最初古希腊文化中认为只有高尚的人才具有的情绪演变到后来普遍认为焦虑是一种不良的情绪体验和反应，中间经过了漫长的过程。可以说，焦虑的内涵是随着时代的演变不断发展而来的。到现在为止，已经形成不同的理论流派，尽管对焦虑的定义还多种多样未形成统一意见，但是大多数研究者都认为，焦虑是一种不愉快的情绪体验，当个体处于焦虑状态时，会伴随担心、害怕、恐惧等心理反应；同时，焦虑具有模糊性和弥散性，它是对即将来临又不确定的威胁的无力感。从研究方法上看，哲学中的焦虑主要是思辨性的论述，而且侧重于抽象个体意义层面的。心理学偏重于通过量表进行量化实证研究，虽然可以得出一些普遍性的结论，但是往往难以深入。尤其是心理学更倾向于从个体的特质方面来探寻焦虑的原因，缺乏结合社会背景和社会因素方面进行深入挖掘，而且在应对焦虑的对策上也是千篇一律地得出要从社会、家庭和个人方面入手，缺少有效、深刻、有针对性的建议。当然，已有研究不论在理论上还是方法上为后续研究做了很好的铺垫，起到了借鉴和启发作用。

2. 关于自我认同的研究

自我认同是大学生个体在大学阶段面临的重要任务也是一个重要挑战，而且从上文所述的研究文献中，我们知道自我同一性焦虑和存在性焦虑之间有密切关联，因此，有必要对自我认同的相关理论和研究情况做简单梳理。

(1) 自我认同的理论

自我认同问题是一个有着悠久历史的重要领域，它涉及哲学、心理学、人类学、社会学等不同人文社会学科，其复杂性使得自我认同问题已成为一个多学科领域共同的研究问题。

自我认同问题直接关乎人的本体问题，而哲学的本质就是人学，因此，自我认同问题必然要寻求哲学的解释和回答。自古以来，从赫拉克利特到苏格拉底、亚里士多德、柏拉图、康德等著名哲学家都对自我认同问题进行了深刻论述和阐释。然而，将认同问题作为专门研究领域进行系统研究要属当代哲学家查尔斯泰勒了。泰勒从哲学的角度出发探讨了自我的根源，他将人对自我的理解同"善"的概念相结合，从自我概念的发展的角度来解读现代性问题，旨在重建自我的道德框架。他认为现代人最典型的道德困境就是意义感的丧失，缺少方向感，失去确定性，有一种流离失所的无助感。[1] 他认为自我是一种过程，而不是一种状态，自我是不断生长的且具有很强可塑性和极大可能性的。

心理学领域对自我认同进行研究的代表人物要属美国心理学家埃里克森了。他将人的一生分为八个阶段，认为每一个阶段都有其主要任务，如果能顺利完成就能够使自我得到良好发展，反之则会引发危机。埃里克森在其《同一性：青少年与危机》中提出了"同一性"的概念，并认为青年阶段的重要任务就是建立自我同一性。虽然同一性是个体在整个一生都会持续的任务，甚至有些人到生命终结时都不会完成，但是青年时期是自我同一性形成的关键期。如果这个时期不能建立稳定的同一性，也就是在这个关键时期不能成功地确认自己的身份，明确生活的目的以及如何对待他人和社会等问题，就会导致角色混乱出现"同一性危机"。

社会学领域中对自我认同进行专门研究的代表人物是英国著名社会学家吉登斯。吉登斯在其代表作《现代性与自我认同》当中探讨了晚期现代性背景下的自我认同的新机制，把现代社会的变迁机制与自我认同紧密联系起来。他认为"在晚期现代性的背景下，个人的无意义感，即那种觉得生活没有提供任何有价值的东西的感受，成为根本性的心理问题。'生存的孤立'并不是个体与他人的分离，而是与实践一种圆满惬意的存在经验所必需的道德源泉的分离。"[2] 吉氏认为现代性有三大动力机制，即时空分离；脱域机制；现代性的内在反思性。正是由于这三大机制，导致了"信任机制和风险环境的变迁""经验的封存"，从而使得现代社会生活充满了不确定性，完全改变了人们日常生活方式及实质，影响到个人经历中最为个人化的方面。

应该看到，不论是埃里克森从严格心理学意义上的对自我认同的探讨，还是泰勒从哲学角度对自我根源的追溯，抑或吉登斯从现代性的变迁对自我认同的机制的分析，都为进一步研究自我认同问题奠定了坚实的理论基础。但同时也有其局限性，他们虽然注意到自我认同与社会之间的关系，但是缺

---

[1] 查尔斯·泰勒. 自我的根源 [M]. 韩震，等，译. 南京：译林出版社，2001：序言.
[2] 安东尼·吉登斯. 现代性与自我认同 [M]. 赵旭东，方文，译. 北京：生活·读书·新知三联书店，1998：9.

乏从人的活动的总体性以及人的生存境况方面来进行分析。而且，他们对于自我认同的危机未能提出有建设性的意见和建议，即便有，也不能从深层次做出进一步的解释。

（2）大学生自我认同的研究

随着高等教育的飞速发展，大学生日益成为社会中的重要和特殊群体，对大学的专题研究越来越多且受到关注和重视。尤其是从20世纪90年代以来，涌现出大量关于大学生问题的研究成果。但大部分研究主要集中于心理学领域，多借用国外的量表为工具进行调查研究，如桂守才等在《大学生自我认同感差异》中结合国外量表编制问卷对100名大学生调查，经过统计分析得出男女生以及不同专业大学生在家庭认同、性别认同、容貌认同等方面的差异情况；城乡大学生在家庭认同方面的差异情况。[1] 这一类心理学对大学生自我认同的研究能够从总体上反应大学生自我认同的一些特点及影响因素，但是缺乏深度，而且量表多来自国外，对我国大学生的情况也缺乏一定的针对性及可行性。复旦大学杨桃莲在其博士论文《大学生自我认同的建构——基于大学生博客分析》中，从新闻传播的视角结合网络时代大学生博客对大学生的自我认同的影响采用质性研究方法进行定性分析，研究呈现了大学生如何通过博客平台实现自我建构及角色的确认，为研究大学生自我认同提供了一个新的途径。[2]

（3）小结

大学生大多处于18岁到22岁的年龄段，正是自我意识发展和自我同一性形成的关键时期。由于我国的教育制度原因，他们在进入大学前基本生活在单一的环境中，面临繁重的学习和课业任务，往往没有时间和精力思考关于自我和社会的问题。步入大学，他们开始认真思考和追问"我是谁？""我要成为什么人？"这一类问题。如果青年大学生不能顺利地度过这个时期，则会造成同一性危机，不利于身心的健康发展。尤其是在社会环境急剧变化以及各种价值观充斥和相互碰撞的时期，大学生由原来比较简单的环境突然进入相对多元、复杂的环境中，开始独立地面对所有问题和困境，他们很容易迷失方向，找不到自我的价值和意义，陷入自我认同危机，成为存在性焦虑

---

[1] 桂守才，王道阳，姚本先. 大学生自我认同感差异 [J]. 心理科学，2007，30（4）：869-872.

[2] 杨桃莲. 大学生自我认同的建构——基于大学生博客分析 [D]. 复旦大学，2009：2.

的一个重要体现和方面。

3. 关于存在性焦虑的研究

(1) 存在性焦虑的理论研究

正如很多概念都来自于哲学一样，如上所述，焦虑的概念首先来源于哲学大师基尔克郭尔，另一个把焦虑作为重要研究内容的便是心理学大师弗洛伊德。基尔克郭尔首先对焦虑进行了哲学本体论的阐释，在其《恐惧的概念》一书中进行了详尽阐述，他认为焦虑与人的自由密切相关，是人在面对选择时必然产生的一种心理体验。他说人要么是天使，要么是魔鬼，不然就会有焦虑。❶ 这就规定了焦虑的"本体性"。这种焦虑本体性的论述对后来存在性焦虑的研究产生了直接和决定性的影响，在其之后，哲学家萨特、人本主义神学家蒂利希、人本主义心理学家罗洛梅和布根塔尔等人都对存在性焦虑进行了剖析。萨特在其著作《存在于虚无》中提出，"自由先于本质"，认为人的焦虑和自由是没有区别的，甚至认为人的自由先于人的本质。❷

保罗·蒂利希是美国存在主义的重要代表人物之一，在《存在的勇气》中，他从"勇气"入手对存在的结构进行探讨，认为，焦虑是由于"非存在"对存在造成的威胁而产生的，勇气就是克服非存在的威胁而进行的自我肯定。并且，他将"存在性焦虑"进行了明确分类：对死亡和命运的焦虑；对无意义感和空虚的焦虑；对罪疚和谴责的焦虑。❸ 这三种焦虑虽然各有不同，但是他们之间是不可分割的。个体通常表现为其中一种焦虑为主，如果三种焦虑同时出现，就会产生"绝望"的极端心理状态。

罗洛·梅（Rollo May, 1909—1994）是美国当代著名的人本主义心理学家。受基尔克郭尔以及蒂利希的深刻影响，焦虑本体理论是其人本主义心理学思想的重要组成部分，他对焦虑的研究有着格外的关注。在其著作《焦虑的意义》一书中，他指出焦虑是人类对威胁到存在或者与其认为与存在相等同的某种重要价值的基本反应，是个体在感受到威胁时的心理体验，伴随着不确定性和无依无靠的孤独感。他提出，焦虑具有本体性，表现在四个方面：

---

❶ 基尔克郭尔. 概念恐惧·致死的病症 [M]. 京不特, 译. 上海：上海三联出版社, 2005: 98.
❷ 萨特. 存在与虚无 [M]. 陈宣良, 等, 译. 合肥：安徽文艺出版社, 1998: 102.
❸ 保罗·蒂利希. 存在的勇气 [M]. 成穷, 王作虹, 译. 贵州：贵州人民出版社, 1998: 209.

第一，它是人的存在受到威胁时的反应；第二，它是人的基本价值受到威胁时的反应；第三，焦虑是人对死亡的惧怕；第四，焦虑是人的潜能发挥与缺乏安全感之间的冲突的反应。❶

布根塔尔在对罗洛·梅焦虑观的基础上对存在性焦虑进行了进一步丰富和完善。他首先对人的存在的结构进行了分析，并且首次对存在性焦虑做出了定义，即存在性焦虑是由人的生存境况决定的，它产生在人的本体论的被给予性（指人最根本的生活状况和条件）基础之上，是人在面对自身与世界的被给予性及其间关系时所产生的一种自然的主观状态。布根塔尔在蒂利希对存在性焦虑分类的基础上，增加了"对疏离感与安全感的焦虑"，从而形成四维度的存在焦虑理论，即命运与死亡焦虑，罪疚与惩罚焦虑，无意义与空虚焦虑，孤独与疏离焦虑。他的四维度分类法为后来存在性焦虑的实证研究提供了基础。❷

社会学中研究存在性焦虑的主要是吉登斯，他从现代性角度对人类的生存状态展开论述，集中体现在《现代性与自我认同》《现代性的后果》《社会的构成》《为社会学辩护》等著作当中。吉登斯对存在性焦虑问题的探讨，是与本体性安全、自我认同、信任机制等问题密切相联的。他认为，本体性安全的丧失是现代社会个体存在性焦虑产生的原因，而这与后传统社会的社会机制变化密切相连，时空抽离，脱域机制等使得人类社会关系在无限的空间延展中重组，从而带来的抽象体系的泛化及信任危机的出现，而反思性将传统被消解后的各种制度因素以断裂的方式连接起来，造成人们的生活失去了例行化的依靠，从而使本体性安全的根基被抽离。❸

国内学者沈湘平从社会哲学和生存哲学的角度关注现代人的焦虑，认为存在性焦虑是生存性的和本体性的，并从时间危机、自我空间压缩、风险忧虑、判断和选择疲劳、自我认同危机、生存意义的迷失等方面进行详细探讨，提出现代社会中的个人可以通过拥有存在的勇气、锻炼驾驭复杂局面的能力、做诚信的自我、保持良好的心态等方式，在流动中构建本体安全。❹

---

❶ 夏烨, 丁建略. 罗洛·梅的焦虑理论述评 [J]. 医学心理学, 2008 (7): 71-72.
❷ 陈坚, 王东宇. 存在焦虑的研究述评 [J]. 心理科学进展, 2009 (1): 204-209.
❸ 章仁彪, 郑少东. 吉登斯时空分离难题之反思 [J]. 理论探讨, 2008 (5): 57-61.
❹ 沈湘平. 现代人的生存焦虑 [J]. 山东科技大学学报（社会科学版）, 2005 (7): 15-17.

(2) 存在性焦虑的实证研究

目前对于存在性焦虑的研究基本上只有量表法，而现有的代表性量表主要是以下三种：Good 等人的 Existential Anxiety Scale（EAS），Bylski 等人的 Existential Anxiety Scale（EAS），以及 Weems 等人的 Existential Anxiety Questionnaire（EAQ）。❶

Good, L. R. 和 Good, K. E. 的量表主要依据弗兰克尔的意义治疗理论编制而成的。该量表共 32 道题目，内容包括对生活的意义感、目标感、责任感和孤独感等方面。但因为其中大部分题目都是关于生活的意义的，不能很好地体现存在性焦虑的丰富内容，所以在现实中的应用不多。Byiski 等人的存在性焦虑量表的理论基础主要来自于罗洛梅的存在焦虑观，因此，其 28 道题分别包含死亡、自由选择、孤独以及生命意义焦虑等内容维度，要求被试在五点式李克特量表上作答。Weems 等人是根据蒂利希的存在性焦虑理论编制的 EAQ 量表。该量表共 13 道题，分为对死亡和命运的焦虑，对无意义和对空虚的焦虑以及对罪疚和谴责的焦虑三个维度，要求被试做出"是或否"的回答。虽然其在内容上较好地反映出存在性焦虑的内涵，但是因为题目太少，在信效度上存在欠缺。❷

由于存在性焦虑内涵的丰富性和复杂性，总体来说，实证研究远远少于理论研究，为数不多的实证研究也主要是和心理健康密切相连的。

(3) 大学生存在性焦虑研究

大学生存在性焦虑的实证研究方面，数量不多，而且主要是关于大学生存在性焦虑的相关研究的。从笔者可查阅到的文献范围看，主要有两篇心理学硕士论文对大学生存在性焦虑做的专门研究和探讨。孙大强用自我同一性量表以及状态—特质焦虑量表对 7 所高校的 877 名大学生的存在性焦虑与自我同一性之间的关系进行了研究，发现不同专业的大学生在自我同一性及存在性焦虑上具有显著差异；学生的家庭背景尤其是城乡差异和是否独生子女对自我同一性的发展以及存在性焦虑程度有一定影响。❸ 陈坚在其硕士论文中根据布根塔尔对存在性焦虑的定义自制了大学生存在性焦虑量表，并发现，

---

❶ 陈坚，王东宇. 存在焦虑的研究述评 [J]. 心理科学进展，2009 (17)：204-209.
❷ 陈坚，王东宇. 存在焦虑的研究述评 [J]. 心理科学进展，2009 (17)：204-209.
❸ 孙大强. 大学生自我同一性与存在性焦虑关系研究 [D]. 兰州大学，2005：1.

大学生存在性焦虑较为普遍，而且其中对命运和内疚焦虑的最多，对死亡和孤独焦虑的最少；在年级、性别、居住地等方面不存在显著差异，而专业对大学生存在性焦虑有显著影响。[1]

(4) 小结

总体来看，存在性焦虑的研究不论是理论方面还是实证方面都尚有很大空间。理论方面，虽然哲学中对存在性焦虑的研究已经很深入，但是这些论述都是纯思辨性的，与实践和实际生活存在很大距离。心理学中存在性焦虑的理论建构还有待进一步完善和丰富。实证方面，研究数量有限，而且对现有的理论和概念缺乏有力的支撑，存在性焦虑不可避免地涉及生命的意义、孤独和自由等命题，心理学对存在性焦虑完整概念内涵的把握及完整性上还有不足，尤其是结合社会变迁和社会结构等人的社会生存境况的研究的十分有限。在方法上多以量化研究为主，主要采用量表和问卷调查法，缺少与质性方法的结合，使得研究难以深入，尤其是现有研究很少有能够结合社会大背景运用社会学理论视角对存在性焦虑进行深入研究的。随着中国的社会变迁和结构调整，社会生活的各个方面都在发生巨大变化，对处于人生发展关键期的青年大学生带来了巨大冲击和挑战，存在性焦虑是很多大学生在当下普遍面临的实际问题和困扰，在已有的文献基础上结合社会学的理论视角对此进行深入分析和阐释显得尤为重要。

三、社会实践理论的研究成果

布迪厄（Pierre Bourdieu，1930—2002）是法国继 M. 福柯之后，又一位具有世界影响的社会学大师，与英国的 A. 吉登斯、德国的 J. 哈贝马斯并称为当前欧洲社会学界的三大代表人物。社会实践理论是布迪厄社会学思想的集中体现，是其致力于超越那些长期困扰着社会科学的二元对立的基础上而提出的一套具有鲜明个人特色的分析社会现实的理论模式。社会实践理论围绕行动者的实践逻辑、实践工具以及实践空间三个基本问题，布迪厄建构出场域、关系、资本三个重要概念以及三者之间的密切关系的分析工具来回答以上问题。

---

[1] 陈坚. 大学生存在焦虑、自我同一性与焦虑、抑郁关系研究 [D]. 福建师范大学，2009：1.

第一章 导 论

1. 布迪厄其人

布迪厄是法国当代著名的社会学者，1930年生于法国大西洋岸边比利牛斯省的一个偏僻小镇，2002年因癌症在巴黎辞世。布迪厄于1954年毕业于巴黎高等师范哲学系，与他几乎同时就读于此的有福柯和德里达两位大师，哲学出身的背景为其日后的研究打下了坚实基础，也是使他的理论博大精深的重要原因。他所创立的具有深远影响的社会实践理论，广泛吸收了包括马克思主义实践观、现象学以及结构主义等深厚的思想精髓，为他日后成为集大成的著名哲学家和社会学家埋下伏笔。

布迪厄一生中撰写了大量著作，大约有50本著作和500余篇文章之多，并且涉及范围十分之广，涵括了哲学、社会学、人类学，历史学、语言学、政治学、美学和文学等领域的研究。他完全打破了学科的界限，其研究领域覆盖了文学、科学、艺术、法律，研究兴趣包括阶级、宗教、政治以及知识分子等多种主题，并且他能够把不同的社会学体裁糅合在一起，从细致具体的人类学描述到抽象的元理论和哲学论述，他从很多方面打破了已有的学科分工以及固有的传统思维方式。[1] 正是因为布迪厄的研究领域之广博，其思想之深刻，为我们把握和理解他的思想脉络增添了很大难度。华康德说："布迪厄所从事的事业具有持久的重要意义，这一重要意义并不在于他所提出的个别概念、几条具体理论或者是方法规定，更重要的这些概念、理论及方法所产生的方式以及他们之间的联系。"[2]

布迪厄的著作颇丰，但至今为止中文译本只有十几本，它们分别是：《国家精英——名牌大学与群体精神》《言语意味着什么——语言交换的经济》《再生产》《继承人——大学生与文化》《实践感》《布迪厄访谈录——文化资本与社会炼金术》《自由交流》《男性统治》《实践与反思》《艺术的法则：文学场的生成和结构》《关于电视》等。其社会实践理论思想集中体现在《实践理论大纲》（outline of A Theory of Practice，1972）、《实践的逻辑》（Logic of Practice，1980）以及《实践理性》（Practical Reason，1998）等著作中。

---

[1] 官留记. 布迪厄的社会实践理论 [D]. 南京师范大学，2007：11.
[2] 布迪厄，华康德. 实践与反思 [M]. 李猛，李康，译. 北京：中央编译局出版社，2004：30.

2. 社会实践理论概述

社会实践理论布迪厄哲学思想以及社会学思想的集中体现，其主要内容包括场域、惯习及资本三个重要概念以及它们三者所构成的密切相连的关系。

布迪厄社会实践理论的产生有其特殊的时代背景和深远的理论渊源。从社会背景来看，他所生活的法国在18世纪西方启蒙运动时期曾经是整个欧洲思想的理论源泉，在21世纪初期，仍然是西方文化重构的主要动力，可以说法国一直是西方文化和思想的中心，同时法国悠久的哲学传统和底蕴为布迪厄、福柯等一大批哲学大师的诞生提供了丰富的精神养料和财富。另外，布迪厄生活在"二战"爆发时期的欧洲，第二次世界大战的爆发唤醒了人们对传统理性主义和人文主义的深刻反思，大量青年学者试图向传统发起挑战以期改变整个社会制度，这是一个动荡的年代，也是一个反思和创造的年代，加上西方世界现代性与后现代性旷日持久的论争，这一切都为布迪厄提供了丰富的思想养料和文化土壤。从理论渊源来看，布迪厄社会实践理论虽然具有强烈地个人色彩和创造性，但是绝不是脱离传统搭建的"空中楼阁"。布迪厄充分吸收和借鉴了西方文化和哲学的精神养料和思想成果，继承了西方自笛卡尔以来的近代哲学的思想成果，包括黑格尔的辩证法思想、马克思主义哲学、结构主义理论、现象学等丰富思想精髓。

马克思的实践哲学是布迪厄思考社会问题的出发点，布迪厄在他的重要著作《实践理论大纲》以及《实践的逻辑》中多次引用了马克思的相关论述。实践观是马克思主义哲学的重要部分，实践是马克思主义的逻辑起点，布迪厄与马克思在这一点上有着高度的一致。同时，马克思主义浓厚的批判和超越色彩也深深影响了布迪厄的社会实践理论，"我充分利用了值得赞颂的马克思《费尔巴哈与德国古典哲学的终结》的成果，它赋予了我思想上的启迪，但它更多的是使我鼓起勇气表达自己的方式。"胡塞尔创立的现象学思想于20世纪初期在法国传播开来，并且掀起了一场"现象学运动"，其影响范围不仅涉及了整个人文社会科学同时还波及了几乎所有自然科学领域，对20世纪下半叶的思想文化进程产生大量深远影响。当时的福柯、德里达、布迪厄等思想大师无不受到现象学的启发。具体来说，胡塞尔的现象学为布迪厄提供了对于传统科学思维方式的批判范例，引导布迪厄向传统二元对立的思维模式发起挑战；胡塞尔所提出的生活世界以及主体间性的重要概念，启发了布迪厄从宏观的社会分析开始关注微观和日常生活；同时，胡塞尔对关系网络的重视在布迪厄的社会学理论中也起到了重要影响，这一点可以从他对场域、惯习和资本三者之间的关系分析中可以看出。[1] 结构主义也是布迪厄社会实践理论的一个重要理论源泉，李维史陀和索绪尔的结构主义理论帮助其用一种新的理论视野来理解现象学，进一步促使布迪厄走向主观主义与客观主义传统二元对立的对立面，布迪厄认为结构主义思想家往往倾向于忽视行动者的主动性而过于强调社会结构以及社会心态的固定性，而布迪厄在自身长期的田野调查中关注到了行动者的行为结构以及心态具有双重特征，即二者都是在社会历史脉络中同时进行着外在化和内在化的双向运动。他后来将这种双重结构称为"共时的结构化和被结构化"。[2] 这样一来，布迪厄超越了以往的二元对立而形成了独具个人特色的"结构的建构主义"和"建构的结构主义"理论。总之，布迪厄社会实践理论有着多方面的理论渊源和丰富的思想根据，要完全理解其博大精深的理论绝非易事，本书在此做粗略梳理以便我们能够大概了解其理论形成的脉络和总体框架。

布迪厄社会实践理论中的"实践"，并非马克思主义意义中的"实践"，而是指人类一般的日常活动，包括经济生产活动、文化活动以及日常生活等，这就把理论分析的范畴扩大和延伸到微观日常生活的领域。布迪厄认为个体行动者依据其自身所拥有的资本和特定惯习以及社会关系网络在社会空间中确立自身的社会位置，在一定的社会客观环境和结构中，同时建构其所处的社会和自身。大学生作为行动者，日常生活中的家庭场域、大学场域和社会场域等是他们生存的客观环境和空间，大学生在其中依靠自身所拥有的资本和关系生成不同的关系网络并确定自身的位置。大学生存在性焦虑既体现大学生的心态结构，同时也反映大学生所生活的客观环境的社会结构，而这两者是互相作用和形塑的。大学生存在性焦虑是如何在个体与结构的共同作用下生成的，布迪厄社会实践理论为本书提供了很好的分析框架和视角，通过其建构的场域、资本和惯习的理论工具对行动者进行细致入微地剖析，出于这种对构成世界的行动者的高度重视和关注，力图更好地建构个体的生活和世界。这正是本书分析大学生存在性焦虑的旨归所在。

---

[1] 官留记. 布迪厄的社会实践理论 [D]. 南京师范大学，2007：20.
[2] 官留记. 布迪厄的社会实践理论 [D]. 南京师范大学，2007：21.

在西方学术界，布迪厄可以说是一位百科全书式的家喻户晓的人物，而在我国，他主要是以社会学家著称。对于其丰硕的成果和著作的研究和译著也是从社会学开始的，布迪厄几近百科全书式的作品打破了学科界限，从哲学、社会学、人类学、美学到教育学、历史、文学、艺术等他都有涉猎。其一生著述颇多，大约有50本著作和近500篇文章，但国内至今为止对关于布迪厄社会实践理论的研究主要以译著为主。

中文译本中最具代表性有：由商务印书馆出版，布迪厄与帕斯隆合著，邢克超译的《再生产》；由中央编译局出版社出版，布迪厄与华康德合著，李猛、李康译的《实践与反思》；由译林出版社出版，布迪厄著，蒋梓骅译的《实践感》；由上海人民出版社出版，布迪厄著，包亚明译的《布迪厄访谈录——文化资本与社会炼金术》等。

关于布迪厄社会理论的专著主要有：高宣扬撰写的《布迪厄》和《布迪厄的社会理论》两部。关于布迪厄社会理论的著作主要有：由同济大学出版社出版，高宣扬著的《当代法国思想五十年》和《当代法国哲学导论》。由华东师范大学出版社出版，苏国勋、刘小枫主编的《社会理论的政治分化》；由社会科学文献出版社出版，薛晓源、曹荣湘主编的《全球华语文化资本》；由上海人民出版社出版，林南著、张磊译的《社会资本——关于社会结构与行动的理论》等。

除此之外，有很多关于布迪厄社会理论的论文研究，也有从艺术、美学、语言学、文化等各领域研究其理论的。值得提出的是南京师范大学的宫留记在其博士论文《布迪厄的社会实践理论》中专门对布迪厄的社会实践理论进行详细梳理和介绍，为广大学者系统地了解布迪厄的社会实践理论提供了有价值的借鉴和启发。但是，就目前的研究而言，专门结合其社会实践理论对大学生的生存状态进行研究的几乎没有，本书以期在这方面做出有益的尝试。

3. 场域、资本、惯习的概念内涵

（1）场域

场域并不是布迪厄创造的全新概念，它最早来源于19世纪的一个物理学概念，后来梅洛-庞蒂、萨特在其著作中已经使用过这一概念，布迪厄在1966年的《论知识分子场及其创造性规划》中最初使用这一术语。直到20世纪七十至九十年代，他才将这一概念逐渐丰富发展，赋予新的意义并逐渐形成他

的社会场域理论。❶

何谓场域？布迪厄把场域看作是行动者的实践空间。布迪厄说：从分析的角度来看，场域可以理解为各种社会位置所构成的一个客观的关系网络或架构。正是由于这些位置的存在以及它们强加于占据特定位置的行动者或机构之上的决定性因素之中，这些位置得到了客观的界定，其根据是这些位置在不同类型的权力（或资本）——占有这些权力就意味着把持了在这一场域中利害攸关的专门利润（specific profit）的得益权——的分配结构中实际的和潜在的处境（situs），以及它们与其他位置之间的客观关系（支配关系、屈从关系、结构上的同源关系等）。❷ 由此可知，场域不是环境、空间或者其他，而是一个关系、位置的复杂网络。在这个空间里，行动者根据自己的位置和所掌握的资本以及空间的规则来展开斗争及资源的争夺，斗争的焦点实质在于形成一种对自身所持有的资本最为有利的等级化原则。❸ 不同场域具有不同的游戏规则，行动者的实践策略要符合其中的游戏规则；场域还是个型塑的中介，是那些参与场域活动的社会行动者的实践同周围的社会经济条件之间的一个关键性的中介环节。❹

布迪厄把黑格尔所言"现实的就是合理的"改变为"现实就是关系的"，"是各种马克思所谓的独立于个人意识和个人意志而存在的客观关系"。场域概念就是从关系角度把握和思考现实的工具，场域概念充分体现了布迪厄社会实践理论中关系主义的思维方式。"场域"可以被认为是一系列对象性、历史关联性，定位于资本（或权力）的游戏形成，其中有需要遵循的不同种类的惯习。❺ 在现代这个高度分工和分化的社会中，形成了大量"社会小世界"，这些小世界拥有其自身运行的逻辑和规律，布迪厄称把这些在"社会宇宙"中具有相对自主性的小世界称之为场域。场域的概念在社会实践理论中

---

❶ 参见：Robbins, D. The Work of Pierre Bourdieu: Recognizing Society, Boulder and San Francisco: West iview Press, 1991: 87. 以及：Swartz, D., Culture and Power: The Sociology of Pierre Bourdieu, Chicago: The University of Chicago Press, 1997: 118.

❷ 皮埃尔·布迪厄, 华康德. 实践与反思 [M]. 李康, 李猛, 译. 北京: 中央编译出版社, 1998: 133-134.

❸ 杨善华. 当代西方社会学理论 [M]. 北京: 北京大学出版社, 1999: 281.

❹ 皮埃尔·布迪厄, 华康德. 实践与反思 [M]. 李康, 李猛, 译. 北京: 中央编译出版社, 1998: 144.

❺ Bourdieu Pierre. Pascalian meditations. Cambridge: Polity, 2000: 151-153.

具有重要地位，正是通过客观关系的网络构型把其他核心概念联系起来构成一个密不可分的整体，用布迪厄自己的话来说是："场域才是首要的，必须作为研究操作的焦点。"❶ 本书重点研究与大学生存在性焦虑密切相关的大学场域和风险社会的场域，考察大学生在场域中的位置以及资本的斗争和惯习对大学生存在性焦虑的影响。

使用场域概念的用意：第一，充分体现了布迪厄的关系主义思维方式，就是从关系的角度来思考。第二，场域非常强调社会生活的冲突性，因为场域就是处在不同位置的行动者之间利用手中的资本依靠各自的惯习进行斗争的场所。第三，场域中的位置，依其资本的类型和总量，存在支配和服从之分，而行动者的策略取决于他们在场域中的位置。位置指的就是行动者在场域中根据握有的资本数量和结构被分配的地位。位置感是行动者形成的社会取向，它引导社会空间中特定位置的占有者走向适合其特性的社会地位，走向适合该地位之占有者的实践。

分析场域的环节：首先，必须分析该场域与权力场域相对的位置。其次，必须弄清楚行动者在场域中所占据的位置之间的客观关系结构。再次，必须分析行动者的惯习。最后，场域在布迪厄社会实践理论中起一个中介作用，即外在的经济、政治、文化等制约因素并不是直接作用于置身在特定场域的行动者，而是借助于场域的特定中介作用来影响行动者的实践。

把权力斗争同社会场域结构及其运作机制结合起来，是布迪厄社会实践理论的一大特色。权力场域是受各种权力形式或不同资本类型之间诸力量的现存均衡结构决定的一个包含许多力量关系的领域，同时，它也是一个存在许多争斗的领域，各种不同权力形式的拥有者之间对权力的争斗都发生在这里；它又是一个游戏和竞争的空间，在这里，一些拥有一定数量经济资本和文化资本的社会行动者和群体，在各自的场域（如经济场域、高级公务员场域、高校场域和知识分子场域）占据支配地位，占据支配地位的资本拥有者会用各种策略来维持这种力量的均衡，而新进入权力场域的资本拥有者和处于不利地位的资本拥有者，就会采取各种策略去改变这种现状。布迪厄认为，发达资本主义社会的权力斗争是由两个主要的且相互竞争的社会等级原则决

---

❶ P. Bourdieu and L. Wacquant. An Invitation to Reflexive Sociology, Chicago: The University of Chicago Press, 1992: 107.

定的，一种以经济资本（财富、收入和资产）为基础，是支配的主导形式，即占支配地位的支配方式；另一种以文化资本（知识、文化和教育文凭）为基础，是支配的从属方式，即占被支配地位的支配方式。因而，知识分子或者说符号生产者，包括艺术家、作家、科学家、教授、新闻记者等构成了支配阶级中被支配的集团，他们占据了权力场域里被支配的一级，经常处于最不利于发现或认识到符号暴力的位置上，比一般人更广泛深入地受制于符号暴力，这种柔和的、软性的、无形的符号暴力是易被误识的暴力，而这恰恰是权力运作最省力最经济的方式。

布迪厄对于权力场域中权力斗争运作形式的描述，对于高等教育场域资本争夺所导致的社会分层的揭露以及对于科学场域中政治权力和纯学术资本不同的积累法则所导致的对于科学场域独立性和自主性的干扰的分析，给本书分析大学场域中大学生在大学管理下的迷茫与自我认同危机，学术及精神性弱化的现状提供了重要的理论指导。

（2）资本

"资本"是布迪厄实践论中的重要概念，是社会实践的工具。资本是一种积累起来的劳动，可以是物质化的，也可以是身体化的。当行动者或行动者群体在私有的前提下占有、利用它时，他们便可以因此占有、利用具有物化形式，或者体现为活生生的劳动的社会能量。[1] 布迪厄拓展了马克思关于资本的理论，在早期将资本分为经济资本、文化资本和社会资本三种基本类型后又添加了符号资本，并且认为不同资本类型之间是可以相互转换和传递的。布迪厄的资本概念是对马克思及韦伯资本理论的进一步深化，资本概念必须与场域概念联系起来，即一种特定的资本的价值取决于一种游戏的存在，就是特定场域中所具有的游戏规则。资本既是行动者争斗的工具，又是争斗的对象。布迪厄把资本定义为"一组可被使用的资源和权力"，包括经济资本、文化资本、社会资本和符号资本。在阶级形成过程中，经济资本和文化资本被认为是最重要的资本，布迪厄主要以这两类资本占有量的多少来定位个人在社会空间中的位置。与经济资本相比，文化资本的传递更为隐秘、风险更大，传递更为困难。但文化资本一旦获得，其作为阶层壁垒的作用也更为牢固。

---

[1] 布迪厄，华康德. 实践与反思 [M]. 李猛，李康，译. 北京：中央编译局出版社，2004：303.

经济资本，一般在经济学中谈论得最多，它可以直接转化为货币，也可以制度化为产权形式。其他类型的资本可以转化为经济资本，经济资本是其他类型资本的根源。经济资本是所有其他类型资本的根源，其他类型的资本，只有在掩盖了经济资本是其根源这一事实的情况下，才能产生自己特有的效应，但是，布迪厄反对将其他类型的资本还原成经济资本，因为其他类型的资本有其独特的运作逻辑。

文化资本在布迪厄的理论当中占有重要地位，他把文化资本分为三种状态：一是客观化状态，主要指物质化或者对象化的文化财产，如一些文化商品、油画、古董或历史文物等；二是身体化的状态，主要指内化在行动者身体内的一种相对稳定的性情倾向，一种个性化的才能和禀赋，如流利的表达，高雅的审美趣味、良好的教养等；三是制度化的状态，主要指被合法化的制度所确认和认可的一种资格，特别是由高等教育机构所颁发的学位、证书、教师资格凭证等。文化资本概念源于布迪厄对法国教育系统的研究。布迪厄关注文化资本，更主要的是因为在现代发达社会，文化日益成为一种权力资源，资本投资者在文化市场中谋求利润的倾向达到前所未有的程度，高等学校已经成为形塑和复制社会分层的关键因素。文化资本以三种状态存在，身体化的状态，客观化的状态，制度化的状态。身体化的文化资本是行动者经过长期的实践活动，将他们一生中内化的社会的实践逻辑，体现在身体的动作、姿态、讲话口气、行动气质以及习惯中，这些已经化为身体和感觉的秉性成为行动者相互区别的惯习的重要组成部分，它们的存在及其运用决定着行动者在场域中所制定和采用的策略。在物质和媒体中被客观化的文化资本，诸如文学、绘画、纪念碑等，与身体化的文化资本的最大区别在于其物质性方面是可以传递的。制度化的文化资本是那种在学术上得到国家合法保障的、认可的文化资本，布迪厄也把它叫作体制化的文化资本，它表现为行动者拥有的学术头衔和学术资格。

社会资本，是指行动者或行动者群体，依靠其所拥有的一个相对稳定而且彼此熟悉和相互交往的关系网络所能获得和积累的资源的总和。社会资本的实质是群体以集体拥有的资本为其成员所提供的支持。❶ 这个概念经布迪厄

---

❶ 宫留记. 场域、惯习和资本：布迪厄与马克思在实践观上的不同视域 [J]. 河南大学学报（社会科学版），2007（5）：80.

首先提出后,被林南等很多其他学者运用和发展,现在已经成为一个得到广泛认可的热门分析概念。

符号资本或象征资本是一种被否认的资本,一种不再被看作资本的资本,也可以说,象征资本是这样一种权力形式,即他不被人视为权力,而是被视为对他人的承认、顺从或服务的正当要求。象征资本源于其他资本形式的成功使用,以至于掩盖了自私自利的目的,于是产生了符号效应。

本书重点考察大学生所拥有的不同数量和类型的资本如何在大学场域和风险社会场域中进行博弈,并且研究不同的资本如何对存在性焦虑产生影响。

(3) 惯习

惯习(Habitus),其含义源于亚里士多德的一个叫素性(hexis)的概念。涂尔干、毛斯、黑格尔、胡塞尔等都使用过这一概念,布迪厄从潘诺夫斯基那里受到启发,将其赋予新的内容。考皮(Niilo Kauppi)认为,布迪厄一开始将惯习与阶级联系在一起,后来又把它与特定的场域联系在一起,而到了其晚期著作,惯习一词的用法比早期更富弹性。布迪厄在不同时期对其意义的强调重点不同,但是史华兹认为,其重点在于从对于规范、认知的强调到对于行动的性情的和实践的理解的强调。❶

何谓惯习?布迪厄常使用一种含混的方式来谈论它,却未做出过精确的定义。在《实践理论大纲》的一处脚注中,布迪厄对与之相关的性情概念进行过某种描述性的定义,他指出:"性情这个词比较适合用来表达惯习所包含的内容。它的含义接近于结构这类术语,首先所表达的是一种组织化行动的结果。它还表示某种秉性或者某种偏好,是身体的一种习惯性的状态。"❷ 在《再生产》一书中,布迪厄提到了惯习作为结构与实践关系的中介,乃是"结构的产物,实践的生产者和结构的再生产者。"❸ 在《实践的逻辑》一书中,布迪厄对惯习进行了详细说明,认为惯习是一种持久的、可转换的性情系统,它的存在是与特定的阶级密切相连的,它是一些被建构的结构,这些结构同

---

❶ 朱国华. 场域与实践:略论布迪厄的主要概念工具(上)[J]. 东南大学学报(哲学社会科学版), 2004 (2): 34.

❷ Bourdieu. P. Outline of A Theory of Practice [M]. Cambridge: Cambridge University Press, 1977: 214.

❸ Bourdieu. P. Reproduction in Education, Society and Culture [M]. London: SAGE Publications, 1990: 203.

时也会作为建构性的结构发挥作用。❶ 通过以上描述，我们基本上可以把惯习理解为一种具有持久性和可转移性的秉性系统。❷ 阶层的划分不仅源于经济和外在社会条件（资本），也有赖于一种与特定社会位置相联系、与众不同的生活方式，即"惯习"的形成。惯习是一个社会性的系统，内化于个体日常行为之中❸。它是积淀于个人身体内的认知和动机系统，是客观共同的社会规则、团体价值的内化。它以下意识而持久的方式体现在个体行动者身上体现为具有文化特色的思维、知觉和行动。布迪厄提出惯习这一概念是为了超越客观主义和主观主义所固有的缺陷：惯习联结了社会结构和实践行动。它既受到社会结构的形塑同时又对实践行动起规范作用。惯习是行动者在场域里的社会位置上形成的对客观位置的主观调适，是外在性的内在化的结果，是"结构化了的结构"和"促结构化的结构"。

法国学者菲利普·柯尔库夫把惯习理解为：一种由每个个体在其所生存的客观条件和社会经历所决定而形成的感知和行动倾向，通常以无意识的方式内化于身体当中。它是持久的，这是因为秉性是长期的个人经历所形成的扎根于我们身上的，它会倾向于抗拒变化，从而在生命历程中显示出连续性。它是可转移的，是因为在某种经验中获得的秉性在其他领域也能产生效果，比如在学校获得的经验能够转移到职场当中。❹ 布迪厄还认为："所谓惯习，就是知觉、评价和行动的分类图式构成的系统，它具有一定的稳定性，又可以置换，它来自于社会制度，又寄居在身体之中。"❺ 由此可见，一方面，惯习是一整套性情系统，是用于感知、评价和行动的图式系统。❻ 另一方面，他具有稳定性和可置换性，因为它来自于个体所处的社会制度而且植根与我们

---

❶ Bourdieu, P. The Logic of Practice. Standford: Standford University, 1990: 53.

❷ 戴维·斯沃茨. 文化与权力——布迪厄的社会学 [M]. 陶东风, 译. 上海: 上海译文出版社, 2006: 117.

❸ 洪岩璧, 赵延东. 从资本到惯习: 中国城市家庭教育模式的阶层分化 [J]. 社会学研究, 2014 (4): 73-93.

❹ 菲利普·科尔库夫. 新社会学 [M]. 钱翰, 译. 北京: 社会科学文献出版社, 2000: 36.

❺ 皮埃尔·布迪厄, 华康德. 实践与反思——反思社会学引论 [M]. 李猛, 李康, 译. 邓正来, 校. 北京: 中央编译出版社, 2004: 171.

❻ 皮埃尔·布迪厄, 华康德. 实践与反思——反思社会学引论 [M]. 李猛, 李康, 译. 邓正来, 校. 北京: 中央编译出版社, 2004: 171.

身体当中，同时它能够在不同领域之间发生转移。❶

在日常生活中，我们比较熟悉的是"习惯"，而"惯习"与"习惯"是两个不同的概念，"惯习"是深刻地存在于行动者性情倾向系统中的，是作为一种技艺存在的生成性能力，具有生成性和创造性；而"惯习"表现出的是自发性、重复性、机械性和惰性，不具有创造性、建构性和再生性。❷ 惯习可以理解为行动者过去实践活动的结构性产物，看待社会世界的方法，对社会评判起主导作用的行为模式。这种行动倾向受行动者从幼年时代积累起来各种经验的影响，经验会内化为行动者的意识，指挥调动行动者的行为，成为群体的社会行为、生存方式、生活模式、行为策略等行动和精神的强有力的生成机制。惯习不但能够指导行动者的行为，还能够显示其风格和气质，表现其个性和禀赋，还能够记载行动者的生活经验和受教育经历，在不同的境遇下进行创新和再生产。这一概念集中体现了布迪厄"建构的结构主义"和"结构的建构主义"的理论本质。

根据以上对"惯习"概念的阐述，本书认为，惯习是个体在其长期的生活经历中不断生成和建构的感知、行动及反思的倾向，具有稳定性和可变更性。大学生的惯习是拥有不同资本的大学生在不同的场域中行动和采取不同策略的内在实践逻辑。

4. 场域、资本、惯习之间的关系

场域、惯习和资本这三个重要概念并不是各自独立的而是在社会生活和实践中密切相连交互作用的关系，其中"场域"是最为重要的概念，因为只有在场域中，资本和惯习才能发挥其作用，三者之间的作用的结果最后形成具体的实践活动。有学者用以下公式形象表达社会实践理论的形成"（惯习×资本）+场域=实践"。❸ 布迪厄将实践理解为行动者的惯习、资本与结构的互动关系，试图在人的行动和结构之间找到沟通和相互转换的中介，通过场域（field）、惯习（habitus）这两个概念连同各种各样的资本（capital）来消解客

---

❶ 朱国华. 场域与实践：略论布迪厄的主要概念工具（上）[J]. 东南大学学报（哲学社会科学版），2004（2）：34.

❷ 宫留记. 布迪厄的社会实践理论 [M]. 开封：河南大学出版社，2009：147.

❸ Giulianotti Richard. Sport. A critical sociology. Cambridge：Polity, 2005：157.

观主义和主观主义的二元对立，阐释社会生活中实践的奥秘。具体来看，资本与场域之间相互依存又相互制约，首先场域离不开资本，场域只是一个网络空间的构型，如果没有资本的注入和参与，空洞的场域结构将没有任何意义，场域的意义在于为各种资本提供斗争和转换的场所；反过来，资本也要依赖场域发挥其作用和价值，并且行动者使用资本的策略也决定于其自身在场域中的地位和位置。惯习与场域都是具有关系性的概念，二者之间的关系可以说是一种双向的模糊关系。惯习是一种内化于行动者体内的具有一定稳定性的性情和秉性，而场域是一种客观关系系统。一方面，场域制约并形塑着惯习，行动者身上所体现的特定惯习总是能够反映出其所处的场域的特征；另一方面，惯习对场域起着建构作用，惯习的生成有助于将行动者所处的场域建构成一个充满意义和价值的世界，认为是值得去投入的世界。惯习作为行动者在长期生活经历中沉淀下来的内在化的一种生存心态，属于布迪厄所言的文化资本中的身体化形态，它是内在的精神状态和秉性，也是外在的生活行为方式、品位、气质等。由于它是一种需要长时间形成的个人所拥有的不同于他人的文化资本，它是个体区别于其他行动者的垄断资本，也是在社会场域中巩固自己、发展自己和克服困难的强大资本力量。

布迪厄认为社会可看作是结构、性情和行为交互作用的结果，通过这一交互作用，社会结构及其具体化表现，生产出了对行为具有持久影响的惯习，这些惯习反过来又构成社会结构，结构中的阶层背景、家庭环境、受教育情况等，作为文化资本又会影响个人行为的偏好和社会的规范。惯习、场域、文化资本关系类似于参与一种"博弈"（社会实践），虽然不受规则的约束，但"博弈"中的强制性要求却被强加到参与的人身上，因为他们具有对"博弈"的感觉，一种自动生成的内在感觉，使他们能够理解并执行"博弈"的强制性要求，这感觉便是惯习。惯习概念偏重于刻画个体的心理方面，而场域概念则侧重描述社会的客观结构，即参与"博弈"的个体在社会空间中所占据的位置。而这"博弈"的强制性要求就是文化资本，并通过"炼金术"式的文化资本再生产构筑和区隔社会。文化资本发挥一种遮蔽的功能，使整个社会的"区隔"的隐蔽化和合理化[1]。

---

[1] 郑雪文. 布迪厄社会实践理论视角下的教育考选制度不公现象原因探析 [J]. 亚太教育，2015 (18).

5. 本书理论视角的选取理由

对于大学生的一般焦虑问题，我们可以采用以往研究中社会、家庭以及个人等方面的原因来阐释。但是存在性焦虑是一种更为深刻和复杂的与社会因素密切相关的焦虑，它涉及大学生在具有学术权力、文化权力以及经济权力的大学场域中的各种问题，大学生在广阔的充满权力、资本等因素的交往中以及大学管理中遇到的问题，这些问题都与其家庭文化背景、经济基础以及社会资本等因素密切相关。在此背景下，要想深入阐明大学生存在性焦虑问题，如果不进入大学生的具体生活空间和行动的场域，不了解其在社会位置中的真实生活境况，不借用一定的理论视角，是不能将大学生存在性焦虑问题的深刻性及复杂性阐释清楚的。

当今的中国社会，社会阶层结构固化和社会利益不断分化，同时大学在自身的发展过程中发生的巨大变化，大学场域的危机和社会场域的不确定性给正处于自我同一性以及价值观形成重要时期的大学生的生存状态带来深刻影响。布迪厄的社会实践理论注重从微观层面深入分析行动者的社会实践活动，创造性地运用了场域、资本和惯习以及三者之间的关系作为分析工具剖析结构中的行动者是如何行动、在哪里行动、依靠什么行动的。布迪厄将实践理解为行动者的惯习、资本与结构的互动关系，试图在个体的行动和结构之间找到沟通和相互转换的中介，通过场域（field）、惯习（habtius）这两个概念连同各种各样的资本（capital）来消解客观主义和主观主义的二元对立，阐释社会生活中实践深处的奥秘。同时，大学生是以学习知识为本职的一个群体，文化资本是其最重要的"符号"和象征，而布迪厄作为一个社会学家以其敏锐的洞察力对法国的教育体制进行深入研究，使用文化资本的概念揭示了来自不同阶层的学生获取不同成绩的原因。其资本和惯习以及场域的概念对于处在教育场域或者学术场域中的大学生有着很高的契合性。社会实践理论的提出源于布迪厄研究社会结构中的个体是如何行动的，并且通过场域、惯习以及资本三个密切联系的概念细致入微地揭示个体行动者的场所、逻辑以及工具各是什么。因此，这种理论视角能够帮助我们理解带着不同的资本和惯习的大学生在一个由经济、文化和学术权力构成的大学网络结构中的行动的逻辑，以及揭示存在性焦虑的形成原因和机制。同时，值得注意的是，布迪厄的社会实践理论本身具有强烈的建构意味和生成性的特点，这对于大学生个体克服存在性焦虑对自身的消极影响具有启发意义。综上所述，本书选取布迪厄的社会实践理论为理论分析视角，以深入阐释大学生存在性焦虑的深层次原因及内在形成机制。

第三节 "大学生存在性焦虑"研究方案

一、研究方法

1. 关于研究方法的思考

研究方法是从事研究的计划、策略、手段、工具、步骤以及过程的总和，是研究的思维方式、行为方式以及程序和准则的集合。[1] 一般来说，研究方法包括三个层面，首先是方法论层面，它是指导整个研究的核心和思想体系，包括研究假设、基本原则、研究的思路和逻辑等；其次是研究方法或方式，这是贯穿在整个研究过程当中的操作方式；最后是研究所运用的具体技术，包括研究工具、手段等。其中方法论起着基础性作用，它决定着研究方法的选择和具体的研究技术的使用。

总之，社会科学研究中的方法论可以分为两大阵营：实证主义和建构主义。相对应地，在研究方法上也形成了"质性研究"与"量化研究"两种研究方法的对垒。由于不同的研究者具有不同的研究兴趣、经历以及偏好，他们所秉持的研究理念各有不同。

实证主义者常常假定人类环境具有客观现实性，即认为它们可以独立存在于创造了或正在观察它们的个体之外。换言之，实证主义者确信有一个真实的世界存在，并且可以运用与自然科学类似的方法来研究。因此，实证主义者认为研究者与被研究者应该是分离的，研究者在研究中应该持客观中立的立场，不能掺有研究者自身的价值立场和判断，而且要严格控制任何可能影响到研究结果的干扰因素。相应地，实证主义者往往采用测量、实验或调

---

[1] 陈向明. 质的研究方法与社会科学研究 [M]. 北京：教育科学出版社，2000：5.

查等定量的方法开展研究和探索。❶

另外一种立场的研究者被称为建构主义者或解释主义。这部分研究者认为人类社会环境不是一个固定的实体，是由参与其中的个体建构而成的，这种建构具有社会性和经验性，离开了个体为社会现实各个方面建构的意义，社会现实的方方面面就不会存在。因此，建构主义者认为研究者和被研究者是一种双向影响的动态关系，双方通过不断地相互关照和对话，从而在自然情境下研究者对被研究者形成一种"解释性理解"。❷大多数质性研究是由赞同这种研究理念的研究者完成的。❸

结合大学生存在性焦虑，心理学往往采用实证主义的路线，多运用量表、问卷调查等方法将大学生存在性焦虑进行"科学"地操作，然后通过数据处理呈现其程度、影响因素等，从而"客观"地揭示出存在性焦虑的规律。诚然，这种方法能够通过对大样本的研究得到一些具有相对普遍性的结论，比如大学生存在性焦虑与性别、专业、年级、家庭经济情况、父母受教育程度等各因素之间的关系，但是，这些影响因素是如何发挥作用的却不能得到深入阐释，在原因和对策上大多停留在泛泛的层面，缺乏针对性。尤其是对于存在性焦虑的内容是否能够通过操作化处理形成良好的研究工具仍然是个有待探讨的问题。

大学生存在性焦虑的内涵丰富且抽象，涉及哲学、文学、人类学、社会学等多个领域，与人的"存在"的复杂因素密切相连，因此对于个体的存在性焦虑的深度呈现要借助于研究者与被研究者的对话以及对被研究者在社会情境中的活动的解释性理解。因此，本书在问卷调查的基础上结合深入访谈对大学生个体的存在性焦虑进行挖掘，在研究者与被研究者的充分信任关系中对个体在实践场域中的活动进行分析以及对被研究者的状态进行描述和呈现。同时，对于存在性焦虑问题形成独特且有深度的理解的最好方法，是借用适当的理论工具进行分析，从而克服实证调查方法的局限，克服理论与实践逻辑固有的鸿沟。因此，本书最后结合社会实践理论对大学生存在性焦虑

---

❶ 潘慧玲. 教育研究的取径：概念与应用 [M]. 上海：华东师范大学出版社，2005：6—17.
❷ 陈向明. 质的研究方法与社会科学研究 [M]. 北京：教育科学出版社，2000：13.
❸ 乔伊斯·P. 高尔，等. 教育研究方法：实用指南（第五版）[M]. 屈书杰，等，译. 北京：北京大学出版社，2007：13.

进行了深度阐释。

2. 主要研究方法的选择

对于一项研究来说，如何选择研究方法，选择什么样的研究方法，是至关重要的。卡尔·波普尔说："任何方法只要导致能够合理论证的结果，就是正当的方法。"❶ 也就是说，不论是实证主义还是建构主义，不论是量化研究还是质性研究，只要有助于研究问题的解决就都能采用，而不是机械地固守方法论的界线。

本书在对大学生存在性焦虑的内涵进行界定后，欲先了解大学生群体的存在性焦虑情况，其程度如何？有何差异？有哪些影响因素？等问题。这就适合采用问卷调查进行总体了解。但是数据并不能提供有关存在性焦虑的生动的故事、情境以及当时研究者的神情、举止、思考等材料，也就无法深入挖掘出大学生存在性焦虑的原因。因此，本书采用了进一步的访谈以获取更多资料。随着研究的逐步深入，更加意识到存在性焦虑的深刻性和复杂性，更适合于结合理论视角进行分析，揭示出大学生存在性焦虑的深层原因和内在机制。具体来说，本书主要使用以下三种方法：

（1）问卷调查法

问卷调查是以书面提出问题的方式搜集资料的一种研究方法，它的优点在于能够搜集大样本的信息资料，能够做数据统计处理，使调查结果具有一定代表性。但同时也有局限性，主要是搜集到的资料往往是表面的，不能深入了解深层次的内心世界真实情况。使用问卷法的关键在于问卷的编制以及选择被试和结果的分析。❷ 问卷调查也是调查研究中经常用到的一种方法。问卷编制也就是研究工具的好坏直接关系研究结论的效度问题，在本书中，由于存在性焦虑的内涵十分抽象而且丰富，要把它很好地操作化不是一件容易的事情。即使是在心理学领域中成型的量表也不多，而且也多停留在几个抽象意义的维度上，因此，在本书的概念界定基础上做初步尝试性问卷调查研究。

---

❶ 卡尔·波普尔. 猜想与反驳：科学知识的增长 [M]. 傅季重，等，译. 上海：上海译文出版社，1986：100.

❷ 裴娣娜. 教育研究方法导论 [M]. 合肥：安徽教育出版社，1995：167.

（2）访谈法

访谈是根据大致的研究计划在访员和受访者之间的互动，而不是一组特定的、必须使用一定的字眼和顺序来询问的问题。是由访员确立对话的方向，再针对受访者提出的若干特殊议题加以追问。[1] 访谈时可以直接观察到访谈对象的表情、神态及行为，感受他们的所思所想和情绪反应，可以在追问和互动中了解很多生活中曾经发生的事件及其背后的含义，并且可以直接进入受访者的内心。存在性焦虑很大程度上是一种身处其中但不自知的无意识状态，本书通过半结构化访谈和深度访谈来提取一手的分析资料，在与被研究者的沟通和对话中挖掘其存在性焦虑的根源。

（3）理论分析法

理论分析主要是在已有的客观现实材料及思想理论材料基础上，运用各种逻辑和非逻辑方式进行加工整理，以理论的知识形式更加深刻地揭示和合理地说明研究问题的一种方法。[2] 理论分析与实证研究不同之处在于，它以严密的理论体系来阐释研究问题，以一种带有普遍性和概括性的方法原则进行论述。本书在实证研究的基础上结合社会实践理论对大学生存在性焦虑进行逻辑论述和理论分析，以对大学生存在性焦虑形成独特认识和深入理解。

二、研究思路

紧密围绕本书的研究问题，本书的基本思路为：首先通过系统的文献查找梳理存在性焦虑的相关研究和论述，并且结合现实中大学生的生存状态表现，对大学生存在性焦虑做出概念界定；然后通过问卷调查法了解大学生存在性焦虑的总体程度、差异及相关影响因素；在此基础上结合数据统计分析结果选取部分大学生进行进一步访谈，以深入了解大学生存在性焦虑有哪些表现和特点；鉴于存在性焦虑的复杂性和深刻性，它不同于以往心理学的焦虑，也不是因为某个具体问题而引发的焦虑，而是在场域空间和网络结构中因权力、资本等多种因素交织在一起而形成的焦虑状态。因此，在初步的调查和访谈的实证研究基础上，重点结合布迪厄的社会实践理论对大学生存在

---

[1] 艾尔·巴比. 社会研究方法 [M]. 邱泽奇, 译. 北京：华夏出版社, 2000: 368.
[2] 裴娣娜. 教育研究方法导论 [M]. 合肥：安徽教育出版社, 1995: 314.

性焦虑的深层原因进行分析和阐释，从场域、惯习及资本的视角深入剖析大学生个体在大学场域中是如何行动的，社会结构和变迁等因素如何渗透在个人行动当中影响大学生存在性焦虑的；最后为本书的结论与建议，对存在性焦虑形成深刻地认识，并为大学生存在性焦虑提出若干建议。

第二章

大学生存在性焦虑初探

第一节 大学生存在性焦虑的初步调查

根据前文文献对大学生存在性焦虑概念内涵的界定，大学生存在性焦虑是一种与自我理想、意义的丧失以及被动应付和缺乏创造性与活力相联的生存状态，他涉及个体深层次的自我认同、本体性安全、价值观等方面的问题。这些方面都会对个体的存在产生深刻的影响，要对这个复杂而抽象的问题进行研究，首先要知道大学生存在性焦虑到底有哪些表现和特点，以及有哪些影响因素？因此，本书从量化和质性研究两个方面入手进行初步探索，得出关于大学生存在性焦虑的初步认识。

一、问卷调查

研究目的：本书主要采用自编问卷对大学生存在性焦虑的总体情况进行测验，用 spss20.0 统计软件对问卷调查所获得的数据进行分析，了解大学生存在性焦虑的总体程度以及相关影响因素。

研究工具的编制：在参考已有相关量表的基础上，根据本书界定的存在性焦虑定义，在问卷编制中，把存在性焦虑的横向内容维度划分为安全感、认同感、意义感、价值感四个方面，纵向的影响因素维度分为个人层面、群体层面、社会层面三个方面。最初的问卷包含 70 道题目，在初步试测后，根据相关检验剔除了 10 道题目，正式问卷共包含 60 道题目，问卷结构与题目的对应关系如下所示：

	意义感	认同感	安全感	价值感
个人层面	1、2、3、4、5、6、7、11、12	14、15、16、17、18	27、38	41、42
群体层面	8、9、10、13	19、20、21、22、23、24、25、26	28、29、30、31、32、33、34、35、36、37、39、40	43、44、45、46
社会层面	47、48、49、50、51、52、53、54、55、56、57、58、59、60			

研究工具的信效度：

1. 信度

本书内部一致性系数的计算采用克伦巴赫 α 系数。经计算，问卷总体信度为 0.930，具有极高的信度。

可靠性统计量

Cronbach's Alpha	基于标准化项的 Cronbachs Alpha	项数
0.930	0.931	60

再根据之前所划分维度，计算各维度的信度：

可靠性统计量

横向维度	对应题项	Cronbach's Alpha	项数
意义感	第1—13题	0.769	13
认同感	第14—26题	0.811	13
安全感	第27—40题	0.854	14
价值感	第41—46题	0.692	6
纵向维度	对应题项	Cronbach's Alpha	项数
个人	第1—7、11、12、14—18、27、38、41、42题	0.759	18
群体	第8—10、13、19—26、28—37、39、40、43—46题	0.918	28
社会	第47—60题	0.844	14

可见，本问卷各维度均具有良好的信度。

2. 效度

（1）横向维度

意义感

相关性

		意义感	总体焦虑状况 ave
意义感	Pearson 相关性	1	0.789**
	显著性（双侧）		0.000
总体焦虑状况 ave	Pearson 相关性	0.789**	1
	显著性（双侧）	0.000	

**表示在 0.01 水平（双侧）上显著相关。

认同感

相关性

		认同感	总体焦虑状况 ave
认同感	Pearson 相关性	1	0.830**
	显著性（双侧）		0.000
总体焦虑状况 ave	Pearson 相关性	0.830**	1
	显著性（双侧）	0.000	

**表示在 0.01 水平（双侧）上显著相关。

安全感

相关性

		安全感	总体焦虑状况 ave
安全感	Pearson 相关性	1	0.883**
	显著性（双侧）		0.000
总体焦虑状况 ave	Pearson 相关性	0.883**	1
	显著性（双侧）	0.000	

**表示在 0.01 水平（双侧）上显著相关。

价值感

相关性

		价值感	总体焦虑状况 ave
价值感	Pearson 相关性	1	0.787**
	显著性（双侧）		0.000
总体焦虑状况 ave	Pearson 相关性	0.787**	1
	显著性（双侧）	0.000	

**表示在 0.01 水平（双侧）上显著相关。

（2）纵向维度

个人层面

相关性

		总体焦虑状况 ave	个人焦虑 ave
总体焦虑状况 ave	Pearson 相关性	1	0.858**
	显著性（双侧）		0.000
个人焦虑 ave	Pearson 相关性	0.858**	1
	显著性（双侧）	0.000	

**表示在 0.01 水平（双侧）上显著相关。

群体层面

相关性

		群体焦虑 ave	总体焦虑状况 ave
群体焦虑 ave	Pearson 相关性	1	0.941**
	显著性（双侧）		0.000
总体焦虑状况 ave	Pearson 相关性	0.941**	1
	显著性（双侧）	0.000	

**表示在 0.01 水平（双侧）上显著相关。

社会层面

相关性

		社会焦虑 ave	总体焦虑状况 ave
社会焦虑 ave	Pearson 相关性	1	0.632**
	显著性（双侧）		0.000
总体焦虑状况 ave	Pearson 相关性	0.632**	1
	显著性（双侧）	0.000	

**表示在 0.01 水平（双侧）上显著相关。

由上可以看出，意义感、认同感、安全感、价值感四个横向维度得分与总体得分相关均较高；纵向上，个人维度、群体维度与总体相关分别为 0.858 和 0.941，相关度很高，社会维度与总体相关为 0.632。总体看来，各维度与总分相关都较高，本问卷具有良好效度。

研究样本：本次问卷调查共调查样本 150 人，共回收问卷 126 份，其中有效问卷 113 份，无效问卷 13 份，统计可得有效率为 86.9%，无效率为 13.1%。各年级情况为大一 24 人，大二 30 人，大三 53 人，大四 6 人。[1] 样本的选取采取随机抽样法在四个年级各选择一个班级进行调查。

分析结果：

（1）大学生存在性焦虑总体水平

本次调查有效样本有 113 人，其中样本学生的总体焦虑状况的均值为 2.52，极小值为 1.43，极大值为 3.62，标准差为 0.495，众数为 2.67。从直方图可以看出总体焦虑状况比较分散，说明学生的总体焦虑情况也呈现各种情况。由下图可知，有 41.6% 的人焦虑值在均值 2.5 以上，10.6% 的人焦虑值在 3 以上，说明大学生群体总体存在一定程度的存在性焦虑，但是其中有一部分人的总体焦虑值较高。

---

[1] 注：本书问卷发放的对象主要是北京师范大学教育学部的本科生，因为研究主要是把大学生的存在性焦虑与其所处的社会阶层位置结合起来，因此只要样本能够基本覆盖社会阶层中的上、中、下三个层次即可。教育学部是本校最大的院系，学生来源地域及家庭背景在全校的总体分布情况符合本书要求，具有总体代表意义。笔者从学校招生办公室了解到的信息证实了以上情况。其中因大四年级学生当时正在教育实习和找工作等，所以回收率较低。

直方图

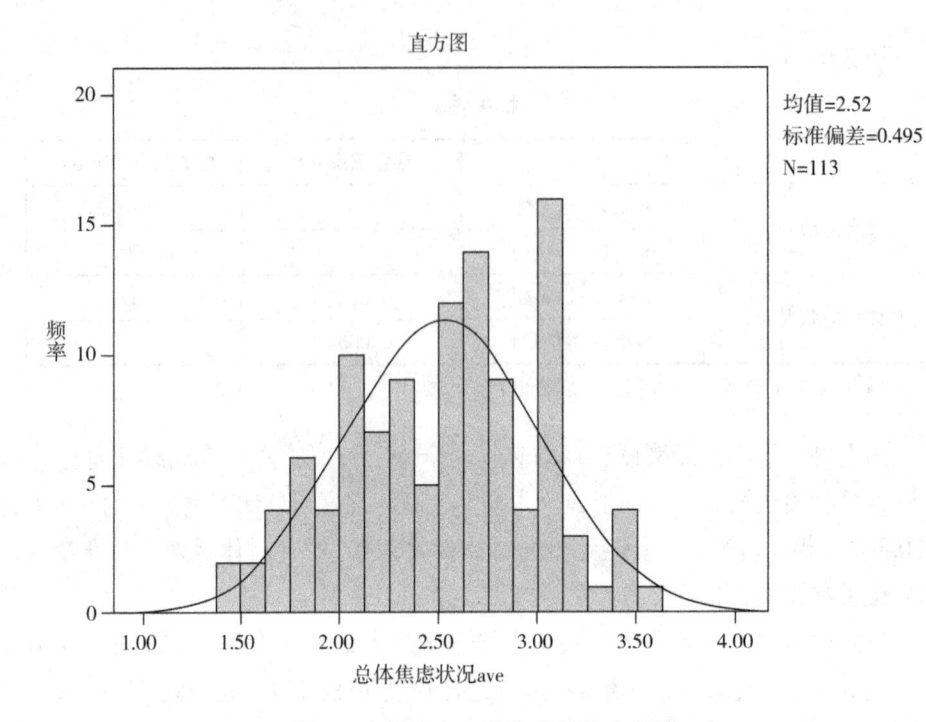

均值=2.52
标准偏差=0.495
N=113

图 1　大学生存在性焦虑总体水平图

（2）单因素分析

年级

表 1　样本年级差异与焦虑水平的相关关系

维度	总体焦虑	意义感	认同感	安全感	价值感	个体	群体	社会
显著性	0.341	0.015	0.192	0.829	0.426	0.060	0.382	0.993

本次调查中，大一年级学生有 24 人，大二学生有 30 人，大三学生有 53 人，由于大四学生正处于实习阶段，样本收集遇到困难，被试只有 6 人。所有被试的存在性焦虑水平总值均分为 2.5171，各年级差异不显著。

方差分析结果显示，在 0.05 的置信水平上，不同年级的样本在意义感这一维度上的存在性焦虑水平差异是显著的，它们的显著性水平为 0.015。但是在 0.05 的置信水平上，存在性焦虑量表的认同感、安全感、价值感的横向维度和个人焦虑、群体焦虑、社会焦虑三个纵向维度上不显著，且不同年级在总体存在性焦虑水平上差异不显著。

性别

表2 样本性别差异与焦虑水平的相关关系

维度	总体焦虑	意义感	认同感	安全感	价值感	个体	群体	社会
显著性	0.605	0.568	0.353	0.947	0.658	0.059	0.705	0.743

本次调查中含男生44名，女生69名。其中，总体焦虑状况男女生没有显著差异。单因素分析结果显示，在0.05的置信水平上，大学生存在性焦虑各个子维度和总问卷在不同性别情况下均不显著。在个人、群体、社会等纵向维度及存在性焦虑总水平上，女生得分均低于男生，但分数差异极不显著。

家庭居住地

表3 样本家庭居住地差异与焦虑水平的相关关系

维度	总体焦虑	意义感	认同感	安全感	价值感	个体	群体	社会
显著性	0.011	0.006	0.286	0.030	0.043	0.024	0.026	0.156

本次调查的113个样本中，来自大城市的有27人，来自中小城市的31人，来自城镇、矿区的28人，来自农村的27人。从总体存在性焦虑水平来看，来自大城市的平均得分为2.291；来自中小城市的平均得分为2.466；来自城镇、矿区的平均得分为2.616，来自农村的平均得分为，2.699，样本总体平均得分2.517。数据显示，来自不同地区的学生，其存在性焦虑水平有着显著差异：来自农村的本科生存在性焦虑水平最高，中小城市次之，城镇矿区再次，来自大城市的学生存在性焦虑水平最低。

单因素分析结果显示，在0.01的置信水平上，家庭居住地与存在性焦虑的总体水平、横向的意义感维度存在极其显著的相关；而在0.05的置信水平上，家庭居住地与横向的安全感维度、价值感维度，以及纵向的个人层面焦虑与群体层面的焦虑有显著相关。

父亲受教育程度

表4 样本父亲受教育程度与焦虑水平的相关关系

维度	总体焦虑	意义感	认同感	安全感	价值感	个体	群体	社会
显著性	0.010	0.007	0.599	0.009	0.011	0.046	0.028	0.030

参与本次调查的有113名学生,其中父亲受教育程度在小学及以下有10名,初中有26名,中专和高中有23名,大专有25名,大学及以上的有29名。从总体存在性焦虑水平来看,父亲受教育程度在小学及以下的均值为2.74,在初中的均值为2.62,在中专和高中的均值为2.61,在大专的均值为2.55,在大学及以上的均值为2.24,样本总体均值为平均得分2.51。数据显示,父亲受教育程度的不同,其存在性焦虑水平有着显著差异:父亲受教育程度在小学及以下的存在性焦虑水平最高,初中第二高,中专和高中次之,大专再次,父亲受教育程度大学的学生存在性焦虑水平最低。

单因素分析结果显示,在0.01的置信水平上,父亲的受教育程度与存在性焦虑的总体水平、横向的意义感维度、安全感维度存在极其显著的相关;而在0.05的置信水平上,父亲的受教育程度与横向的价值感维度、纵向的个体层面焦虑、群体层面的焦虑和社会层面焦虑显著相关。

母亲受教育程度

表5 样本母亲受教育程度与焦虑水平的相关关系

维度	总体焦虑	意义感	认同感	安全感	价值感	个体	群体	社会
显著性	0.001	0.000	0.018	0.011	0.004	0.002	0.004	0.036

参与本次调查的有113名学生,其中母亲受教育程度在小学及以下有14名,初中有27名,中专和高中有27名,大专有22名,大学及以上的有23名。从总体存在性焦虑水平来看,母亲受教育程度在小学及以下的均值为2.82,在初中的均值为2.63,在中专和高中的均值为2.52,在大专的均值为2.55,在大学及以上的均值为2.16,样本总体均值为平均得分2.52。数据显示,母亲受教育程度的不同,其存在性焦虑水平有着显著差异:母亲受教育程度在小学及以下的存在性焦虑水平最高,初中第二高,大专次之,中专和高中再次,母亲受教育程度大学的学生存在性焦虑水平最低。母亲的受教育

程度在大专这个层面有上升趋势，但是并不明显，笔者觉得可能与样本关系有关，总体还是随着母亲的受教育程度，学生的存在性焦虑下降。

单因素分析结果显示，在0.01的置信水平上，母亲的受教育程度与存在性焦虑的总体水平、横向的意义感维度、价值感维度、纵向的个体层面焦虑和群体层面焦虑存在极其显著的相关；而在0.05的置信水平上，母亲的受教育程度与横向的认同感维度、安全感维度以及纵向的社会层面焦虑有显著相关。

家庭月人均收入

表6　样本家庭月人均收入与焦虑水平的相关关系

维度	总体焦虑	意义感	认同感	安全感	价值感	个体	群体	社会
显著性	0.009	0.027	0.183	0.136	0.290	0.124	0.097	0.159

参与本次调查的有113名学生，其中家庭月收入在3000元以下的有12名，在3001~4000元的有21名，在4001~5000元的有27名，在5001~6000元的有16名，在6001~7000元的有20名，在7001~8000元的有17名，其中学生的存在性焦虑值家庭月收入在3000元以下的均值为2.62，在3001~4000元的均值为2.69，在4001~5000元的均值为2.37，在5001~6000元的均值为2.52，在6001~7000元的均值为2.64，在7001~8000元的均值为2.30，样本总体焦虑均值为2.52。数据显示，家庭的月收入不同，其存在性焦虑水平有差异，总体的焦虑情况与家庭月收入呈显著性相关。

研究结论：数据处理结果表明大学生存在性焦虑普遍存在，但程度有差异，其中部分学生存在性焦虑程度较高，且结果显示家庭月收入、父母受教育程度、家庭居住地等因素均与存在性焦虑呈显著相关。而性别、年级等因素与存在性焦虑无显著相关。这就说明大学生的家庭背景因素，家庭所具有的相应的文化资本、经济资本以及由此而形成的社会地位与大学生存在性焦虑之间有着密切关系。而这些家庭背景因素是如何影响大学生存在性焦虑的？不同背景的学生的存在性焦虑有何差异？大学生存在性焦虑有哪些表现及特征？这些问题是数据所不能展现和解释的，因此在问卷调查的基础上，我们进一步选取具有不同家庭背景的大学生进行深入访谈。

二、深入访谈

调查分析结果显示，不同的大学生个体的存在性焦虑的程度不同，而且存在性焦虑与大学生所具有的经济、文化、社会资本等因素呈显性相关，因此要更好地呈现出不同特点的大学生的不同表现的存在性焦虑，需要通过与研究对象面对面地交流与沟通才能有直观认识并且可挖掘其背后所隐藏的故事和思考，所以，本书进行了访谈研究。访谈问题主要围绕大学生在大学生各方面的总体表现及状态、家庭背景（经济情况、社会关系、父母受教育程度、家庭氛围等）、大学场域（活动、交往、生活方式、归属感、对大学管理的认识等）、不确定性（社会阶层、社会制度、安全感、信任感等）四个方面进行，以半结构化访谈为主，在与访谈对象充分交流的情况下做适时的追问。

笔者访谈了近 20 名大学生，考虑到本书主要目的是分析经历了整个阶段的大学生的存在性焦虑，因此在选择访谈对象时主要集中在大四年级的学生。根据量化研究结果采取便利性抽样共选取了 20 名（大四）大学生作为初次访谈对象，他们分别来自不同地域和具有不同的家庭背景：有农村的也有城市的，有家庭背景优越的、中等的和比较弱势的。在与不同家庭背景、来自不同社会阶层的大学生进行面对面地交流和了解后，笔者深深感受到不同大学生的生存状态具有很大差异，他们对自我、大学以及社会的认知和看法等也具有很大不同，他们在大学中的学习、人际交往等各方面也有明显不同。根据这些大学生的存在性焦虑表现情况以及研究样本的配合情况进行目的性抽样，从中选取 6 名大学生作为重点研究对象，三个层次社会阶层家庭背景的大学生各选取 2 名。每个研究对象均进行 3 次访谈，每次访谈在 2 个小时左右。这 6 名重点访谈对象的基本情况如下：

J 同学：北京女孩，父亲为高级工程师，研究生学历，母亲为公务员，本科学历，家庭条件优越，毕业后出国。J 同学个头高挑，穿着讲究，充满个性而又时尚。每次访谈 J 同学都能侃侃而谈，知识面广博，视野开阔，语速较快，语调高低起伏，条理清晰，期间不时夹杂着各种表情和肢体语言，给人一种跳跃感和欢快感。对她而言，最担心和焦虑的事情就是自己将来能有什么样的发展，如何在复杂的社会环境中实现自身的价值。

LL 同学：四川农村男生，父母均为农民工，小学文化，家庭条件较差，毕业后找工作。LL同学穿着很朴素，性格内向，说话语速缓慢，总是不停地搓手，而且若有所思的样子，声音低沉，走路步调迟缓。对大学生活用"失望""不满"来形容，在班级活动、人际交往中多数时候属于默默无闻型。自我的不认同以及无奈无助等表现明显。

G同学：四川城市女孩，父亲为医生，本科学历，母亲为收纳员，高中学历，家庭条件中等，保送读研。G同学是一个非常刻苦的女孩，从小受父母"好好读书以后才能过上好生活，受人尊重"的教育影响很深，虽然身材娇小，外表柔弱，但是内心却十分坚强。她说自己从小到大在学习上都是排在前面，是家里的骄傲，只有这样才能有出路。"所以我一直过得很辛苦，我有个好朋友，她家里条件很好，很有钱，她什么事情都不用想，每天只要过得开开心心就行，平常用的东西都是名牌，成绩不好也没关系，反正毕业后家里就能安排好去处。我们俩在一起时，别人说明显看得出是两种不同的状态，她是那种很放松和开心的状态，而我总是给人绷紧和放不开的感觉……"

YY同学：黑龙江城市女孩，父母均为工人，父亲本科学历，母亲高中学历，家庭条件中等，保送研究生。YY性格开朗活泼，多才多艺，担任学生干部，谈吐自如，生活上比较节约，学习不是十分刻苦，"但是对于考试我会十分重视，因为很重要，而且每次考试我都考得很好。只有这样我将来才能保上研究生，读完研究生才能找个差不多的工作。"学习成绩、担任干部都是她为自己积累"资本"的重要方式和途径。

CX同学：湖北农村女孩，父母均为农民，小学文化，家庭条件较差，毕业后找工作。CX同学是一个很文静的女生，轻柔的声音和言谈中透露出内心的沉重及强烈的自卑，在集体和公共场合不敢表达自己。"有的同学可以经常出国旅游或者短期放学去增长见识和开阔视野，那都是因为他们家里有钱，不用担心经济问题，我从来就没想过自己能出国。去年有一次一个偶然的机会给我们上课的老师与日本那边有合作，可以公费去日本，我有幸出了一趟国，到现在为止我都觉得像一场梦一样。"

XL同学：辽宁城市男孩，父亲是银行管理者，大学学历，母亲是老师，大学学历，家庭条件优越，保送研究生。XL同学思维敏捷，言谈举止稳重缜密，从小就受到家庭的熏陶，对于社会关系网络了解和接触较多，对自我期待较高，"我们的社会现在有很多问题，但是我们大学生作为青年人还是不能'和稀泥'的，要有自己的坚持和抱负，去改变一些东西。"

第二节 大学生存在性焦虑的初步分析

通过与 20 名大学的访谈获得了大量关于大学生在学习、生活中对自我、他人、学校以及社会的感知、认识和思考的一手资料，同时，在面对面的访谈过程中对大学生的语言、行为举止以及他们内心深处的所思所想有了更多了解和认识，对不同类型大学生的生存状态有了进一步理解。在此基础上，本书初步归纳出大学生存在性焦虑的几种表现形式和基本类型。

一、大学生存在性焦虑的三种主要表现

1. 行为上的迷茫

"大一不知道自己不知道，大二知道自己不知道，大三不知道自己知道，大四知道自己知道。"这是在大学生中广为流传的顺口溜。大学生的迷茫，郁闷，纠结表现在诸多行为上。学业方面尤其突出，缺乏专业学习兴趣，厌学现象普遍，没有学习目标，更多只是完成任务和应付考试；喜欢睡懒觉，逃课、旷课是大学生的家常便饭；课堂上，一边是教师在讲台上唱"独角戏"，一边是讲台下的"自由市场"：学生们有吃东西的、玩手机的、浏览网页的、背 TOFFLE、GRE 英语单词的、看课外书的、打瞌睡的、聊天的、发呆的，可谓千姿百态；有些学生因上网成瘾不能自拔最终导致学业荒废，甚至留级或退学；缺乏学习积极性，平时作业应付了事，期末考试前到处搜集课堂笔记和资料突击复习，很多人对于考试的态度是"只求 60 分及格，多一分浪费"；社团活动中，很多大学生要么提不起兴趣，要么半途而废，用他们的话来说就是"打酱油"；人际交往中，缺乏主动性，不能与他人融洽相处，造成人际关系紧张；对于集体活动和学校活动不积极，不关心，注重自我，缺乏参与和融入，找不到归属感；忙于参加计算机、托福、GRE、雅思等各种学习班，时间精力都放在考证考级上，而疏于课业的学习。

> 男生嘛，交流的时候首先是游戏，四年都花在电脑上的同学都有，而且不在少数，挺普遍的。有些人刚来的时候，好好学习，从

第二年开始就不学了，也有刚来很颓废，挂过几科之后就奋起了。也有纯粹玩三年的但这种挺少的，都20多岁的人了。也有一些人总还是有小孩心态吧，没有狠下心来逼自己，一直玩下去。

我真没上过几个人的课，包括认识的老师里面我都没上过几个人的课。我是平时没事不出宿舍门，我可以一个星期不出学校。（ZS同学访谈）

另外，行为的功利化也是现代大学生的一个普遍特点。他们往往带着功利化目的去付诸行动，是否对自己"有用"成为他们衡量某事价值的唯一标准，而不是考虑这件事情本身对于自我生命成长的意义和价值。比如参加社团是为了结识人脉；担任职务是为了评奖评优；申请课题并非出于对科研的兴趣，而是为了加分，从而能够有更多筹码参与评奖或者保研等；入党是为了将来找工作需要……部分大学生热衷于担任各种职务：

每天在学生会、社团各种活动中疲于奔命，有时候晚上11点还在开会，熬夜写策划、做海报是常有的事，所有的时间都填充得满满的，而在繁忙之余却不知道自己忙了些什么，好像每天都在瞎忙，也不知道这是为了什么。有些同学在刚进大学时就很有目的地按照学校的评价体系和规则去做一些事情，参加很多活动，为自己积累将来的资本。（YY同学访谈）

谈到上课的情况，YY同学说：

很多课就是不太愿意听，平常翘翘课、睡睡觉呀，写写作业呀，有一些很好的课会听，很重要的专业课会听，翘课对大家来说都很正常，我就是翘课专业户……课想上的时候就上，不想上就不上。当然很重要的课，就算老师讲得烂、我们很困，也会去听，打起精神也要听！虽然我不重视学习，但是我很重视考试。我很多课最后复习就像重新学一样，但是我两三天就复习完了，然后考完就忘了……。（YY同学访谈）

与此同时，"宅"文化在大学生中广为流行。"宅男宅女"们常常待在宿舍足不出户，很少与他人交流；作息不规律，晚上不按时睡觉，早上不按时起床；对课程、学习、活动缺乏兴趣，把那些"没用"的事情统统抛在脑后；长时间泡在网络上，连吃饭都懒得出门，"外卖"是主要解决温饱的途径；宿舍里（尤其是男生宿舍）凌乱不堪，垃圾满地，异味儿熏天，有些宿舍甚至根本插不进脚……

以前大学里那种大家高谈阔论，唇枪舌剑，探讨人生、分享智慧、交流学问的场景几乎看不见。男生宿舍里大家一起玩游戏，交谈的话题也是关于游戏的；女生宿舍流行看韩剧、美剧、宫廷戏等，交谈的话题多半关于明星八卦等。谈到其他同学的上网情况，C同学如是说：

> 周围有的同学四年都花在电脑上了，而且挺普遍的。我平常也会上网看看，玩一些小众的游戏。女生就看剧，没日没夜地看，因为没人管的话，比较自由，玩到两点也没人催着你睡觉，而且宿舍间交流不多，宿舍之间关系不特别紧密的话，也没什么话可以说，现在人手一个电脑，不说话，交流时间不多。（SX同学访谈）

在现在的大学生中，游戏、上网、八卦、逛街才是他们感兴趣的，而学习和社团活动要么不参加，即使参加多半抱着功利的态度，全看对评奖评优是不是有利。大学生本应该是朝气蓬勃和对学习和知识本身充满兴趣和热爱，但是现在的大学似乎完全是另一番景象。当然并不是说所有的大学生都是如此，不能否认仍然有部分同学学习目标明确、勤奋刻苦、认真钻研，但是对于上述现象每一个大学生都不会感到陌生，这是有普遍性的。

2. 思想上的困惑

郁闷、纠结早已成为大学生的口头禅，不论是在日常生活中还是在网络论坛上，几乎随处可见。我们知道，语言是心灵的镜子，是思维的工具，是存在的"家"，透过个体的语言表达可以窥见他们内心深处的精神世界。当一种现象超越个别成为一种社会现象时，它的出现必定会有相应社会层面的客观事实作为其内在的支撑。海德格尔在《存在与时间》一书中指出：当人们创造语言并用语言包裹起自己的时候，人们就在为生活定位；当人们透视语言，并解析语言意义的时候，人们就在探究社会。

今天的大学生大多出生在20世纪80年代末、90年代初，成长在中国经济发展和腾飞的时期，他们拥有充裕的物质条件，他们是"网络一代"，能够借助发达的媒介获取丰富的信息,知识面广,视野开阔。社会上各种一夜暴富、一夜成名的新闻充斥在大学生的生活中,媒体也为他们树立了不同的成功典范,当他人的成功案例无时无刻不以咄咄逼人之势呈现在他们面前的时候,大学生内心的成功动机和欲望被迅速激发,一时难以找到自己坐标。在到处宣扬和强调社会地位与金钱的时代,他们在比父辈们享受更宽松的环境的同时,也更早地体验到追求成功的烦恼和苦闷。市场经济的激烈竞争和不确定性让他们面临诸多挑战和对未来的不可把握性难。在各种选择和诱惑面前,他们无法避免痛苦与挣扎,大学生的郁闷也就在所难免。

我们对这个专业都不满意,觉得找不到工作,不知道学了什么,感觉脑子里没留下什么东西,比如小语种,还能说几句,也许理论性太强了,我们专业和人家探讨起来体现不出专业性。

我特别纠结,我不知道以后要不要继续再接着读书,我不知道自己要干什么,能干什么,我好佩服能读到博士的人,读博士有用吗?我想我最多读到研究生吧,主要是拿个文凭,现在找工作都要研究生。

从小爸妈就跟我说长大要考公务员,找一份体制内工作,退休了有退休金,比较稳定,我觉得自己也不是很有闯劲。公务员我考虑过,但是觉得自己考不上,听别人说特别难考。另外当老师也行,因为都很稳定,但是我也不知道自己到底走哪条路,要干什么,会怎么样,经常纠结也想不清楚。(CTT同学访谈)

我记得这种事情(腐败现象)很早就有,高中的时候报纸上就有类似的报道,那时候看到就想了解具体的事情,对比较丑陋的现象,自己觉得比较愤怒,上大学以来,这种信息爆炸似的往外涌,太多了,看得有些麻木,看到标题就大概明白怎么回事,如果不是特别感兴趣,就不会点进去看。看到一个复旦的投毒事件,就点开看了具体怎么回事。李天一事件贴吧讨论得比较多,听他们说的,自己就明白差不多怎么回事了,就不想去了解了。反不反思这个问题就已经麻木了,问题层出不穷,总去看不好的一面,负面信息太多。对自己走向社会有心理准备,比如社会丑恶的一面。比如考研,可能有人说,笔试过了,面试不一定能过,有关系呀,给考官送礼

呀，主要是国内考研，感觉心里知道就行了，其实并不能做什么去改变它。（SX同学访谈）

以前特别乖，努力学习，很少接触社会上的思想，以学习为主，是一个乖乖女。存在的各种各样的问题，以前都没有认识到，后来意识到各种问题后，认识社会体制、与国外的对比等。有的大学教授的思想比较激进，像我这样以前比较乖的，听起来觉得刺激，我以前完全都不知道。（CX同学访谈）

很迷茫。我觉得北京我待不下去，没有能力在这里扎根，房价太高、工作节奏太快。回去吧，靠关系的情况又太严重。很迷茫。比如未来去哪，做什么工作，面临什么样的环境，能否实现自己的价值。当看到这种人的时候，会发现自己接受的教育是错的，自己就会有些小受挫。努力那么多却没有回报，但久了就会很冷静地面对了。原来我父母让我进事业单位。但事业单位可能有更多的当官的儿子、儿媳妇比较霸道一些，所以就有点恐惧心理。慢慢就在想要不要去外企奋斗，但是想法比较不稳定，随时在变，不过感觉外企可能更加公平一点。和这些官二代在一起，会感觉付出和回报不成正比。还是会希望能够公平一点，起码是相对公平一点。哪怕累一点，但得到回报就会满足。如果做了很多，但很少回报，那还是会不开心吧。有的时候还是会想，怎么样能够去一个公平点的地方。但是想法都是零零散散的，比较不稳定。（GY同学访谈）

如果说"郁闷"是一种比较模糊和不明确的情绪表达，那么"纠结"一词则传神地描绘了当代大学生在面对越来越多的诱惑或各有利弊的选择时那种患得患失、无法释怀的心理状态，它是烦乱、矛盾和犹豫的混合体。❶ 纠结在《汉语大词典》中的原意是互相缠绕，而在当今的大学生中，无疑已经发展出它新的用意。"纠结"被媒体评为2009年的十大流行词汇之一，它主要表现的是大学生群体的：内心矛盾，犹豫不决；困惑、烦闷；执着于某事而无法释怀。❷ 不过再新的演绎还是离不开词语原来的要素和意义的，就大学

---

❶ 李馨."纠结"新说［J］.上饶师范学院学报，2009（8）：48-50.
❷ 黄云峰."纠结"新用［J］.语文建设，2009（4）：67-68.

生而言，那些让他们无法决断，进退两难的处境常常令他们纠结。比如对将来的选择上，是留在大城市成为"蜗居"一族还是去二三线城市过小康生活？在求学路上，是继续深造还是工作或者创业？在学习问题上，是好好学习争取好成绩还是多参与社会实践活动锻炼多方面的能力？是"恋爱"还是"练爱"？等问题无一不困扰着他们。在种种"乱花渐欲迷人眼"的社会诱惑和喧嚣面前，他们不可避免地陷入"纠结"中。面对现在社会负面现象和问题，他们内心充满彷徨和疑惑，无助与无奈。从前可以由家庭或者父母来处理的各种各样的生活矛盾和风险，已经直接呈现在大学生个体面前，只能由他们自己独自来把握、解释及应对。X同学平时经常上网，通过网络能迅速了解社会上发生的各种各样的新闻和热点，访谈中，他谈到了对于一个摔死婴儿的新闻事件的理解和感受：

> 我有时候真的特别担心和焦虑，我觉得我们越来越生活在一个很不安全的环境里，不能说是忧国忧民，我没那么大本事，也没那么大胸怀。我只是忧我自己和家人朋友的前途命运。我们都是生活在这个社会的一分子，如果这个社会这样持续恶化下去，我们每个没有特权的人都难以独善其身。所以所谓的忧国忧民，从本质上说其实是对自己的关注。如果我们每个人连自己的前途命运都不关注了，何谈忧国忧民。如果每个人都关注自己及身边人的前途命运了，自然"忧国忧民"了。

对于充斥于网上的各种言论，成长于信息化时代的他们，也经常不知道该如何判断：

> 在优酷上，都可以看，并不是禁播什么的。一个是全球变暖的真相，另一个是全球变暖的骗局。真相就是说因为人类的原因，气候变得恶劣。第二个说是因为太阳的因素，之所以说人类的原因，是因为催生了一系列利益的链条，跟政治团体相关。是发达国家限制发展中国家的手段等，在和同学讨论时，觉得到底应该相信哪个呢？还是谁也不应该相信，都有道理，也都有问题。（CX同学访谈）
>
> 我觉得跟他们的信仰有关，有的人如果撒了一个弥天大谎，靠这个谎言过一辈子好日子的话，他会觉得很舒服。但是有的人因为

信仰的束缚，靠这种谎言过好日子的话，可能这辈子都不会安心。这个是本质上的差距，我们可以光明正大地骗自己骗别人，只要过得去，有好的结局，所以现在但凡这种惩罚都是做在面上的，其实后面还有人，只是这些人当了替罪羊，推到了公众面前，去骂他们，给公众一个交代。(SX同学访谈)

不论"郁闷"还是"纠结"都是当代大学生的真实写照。郁闷也好，纠结也罢，其实都是焦虑的体现，都表明了他们的一种"无能为力"，似乎被某种自己也说不清道不明的力量压抑着而丧失了生命本应有的鲜活和力量，这种莫名的又毫无目标的精神体验妨碍他们用充满生命激情的方式来行动，也阻止他们对生命力量的意识和体悟，从而使得大学生在学习生活中感觉不到自己存在的价值和意义，对什么事情都无所谓，安于现状，提不起精神。

3. 自我认同的混乱

自我认同是个体的自我确认，也是个体对自身生存状况和生命意义的探寻与追问，是个体对自身人生价值和意义的确认的基础。社会学上的认同往往表征着对身份或角色的合法性的确证，人们对比的共识及其对社会关系的影响。❶

大学阶段是大学生自我同一性形成的重要时期。首先，按照埃里克森的理论，青少年在人格发展中最重要的任务就是建立自我同一性，即个体形成一种自我在时间上的连续性，在空间上的完整性，能够将自我的过去、现在、将来组合成一个有机的整体，确立自己的理想和价值观念，并对未来发展做出自己的思考。这一时期的自我同一性的形成也将奠定人生发展的坚实基础。这种同一感是青年对自己的本质和信仰以及生活的重要方面的前后一致性和较为清晰的意识，它既要为先前各个阶段悬而未决的任务寻求解决，同时也要为即将面临的新的社会任务和冲突做好心理准备。自我同一性的对立面就是角色混乱和认同危机，指个体未能形成清晰的自我概念，不知道自己该何去何从的一种混乱状态。这种状态在大学生非常普遍，比如归属感的缺乏、责任意识的薄弱、人生意义和价值的迷茫等都是大学生自我认同危机的表现。

---

❶ 朱桦. 论当代大学生的身份认同危机 [J]. 当代青年研究, 2008 (10): 44-48.

而对大多处于 18~22 岁的大学生来说，这是个体形成自我同一性的关键时期。众多同一性的实证研究发现，处在青少年晚期的大学阶段是同一性形成与巩固的重要时期。在幼年阶段，儿童的同一性主要是对父母的认同，他们会不加批判地接纳父母的观点和行为方式。青少年阶段的同一性超出了他们在儿童时期所形成的同一性范围，他们会将自己的兴趣和价值观等个人意志纳入先前的同一性元素进行新的整合。尽管这一过程在青少年早期就开始了，但个体直到青少年晚期或成年早期才能巩固这些变化，真正形成自我同一性，此时关于工作、生活和人际关系的选择促使大学生的同一性问题达到顶点。自我同一性最重要的变化发生在青少年中晚期，特别是 20 岁左右的大学阶段是建立稳固同一感的关键时期。

  会有质疑，我总是质疑，觉得不是我亲眼看到的，我不是很信赖媒体，我有个学新闻的同学说，我们想让你们知道什么，你们就要知道什么，所以完全同一件事，媒体怎么报道，公众的反应是完全不一样的，所以媒体的话并不完全可信，对媒体的不信任，就不能完全对他们赞同。

  绝大多数人都在为自己的生存考虑，很多人每天拼搏就是为了找个地方睡觉，有饭吃，基本的温饱，其实还是靠力量的积累去改变问题，单单依靠知识分子呀，某种觉醒，其实问题的错我们都明白，我一天到晚就不能听到这个事，最好一片和谐，这种并不好，打开网页全是负面信息，反倒是一种好事，让人们保持警惕性，危机感……（SX 同学访谈）

  有一点，一直挺困惑的。我记得我大一的时候学人体解剖，我觉得很好。后来学偏文科的，很多社会观点谁说我都信，所以很多立场、观点就比较不鲜明，我也不知道该信谁。老师叫我起来说观点意见什么的我也很害怕，还有点自卑。很多文科同学就会分析得头头是道，但我就理不清思路。虽然我现在很努力地在看，但大脑的构造还是不同吧。我家人也都是思路很简单。大一还没意识到，我们那是应试教育，觉得分数就是全世界。大二、大三才慢慢关注到，现在就处于想让自己变得有思想一点，有自己的鲜明观点，在慢慢摸爬滚打的阶段。我属于典型的应试教育下出来的人，真的就是"一心只读圣贤书"。也有人社会意识非常明显,高中的时候也有同学每天都去看报,但非常少。我现在才关注到。可能也是有时间了,就会刻意培养自己这方面吧。每天七点起床了就开始写作业,一直学习到晚上关灯、睡觉。每天都这样。每一分钟都是很宝贵的,只要能把分数提上去,其他的东西以后再说。现在想想觉得对一个人的全面发展很不好。(GY同学访谈)

其次,大学是一个具有高度稳定性和制度化的组织机构,在这样一个环境中有利于个体同一性的形成,而且这也是成人和社会对于大学生的期待。Erikson指出,大学是社会为大学生提供的制度化的合法延缓期,大学生可以积极探索各种各样生活的选择,接触不同的思想和价值观念,学习并体验各种角色,尝试做出选择,在反复试验中决定自己的人生观、价值观,以及自己将来的职业,从而形成自我同一性。[1]

再次,由于我国教育制度的现实情况,处于青少年早期和中期的学生,承受繁重的学习压力和升学压力,学习和考试几乎占据了他们绝大部分生活内容,而且在父母和教师的严格管教下,青少年无暇顾及对自我问题进行深入思考和探索。进入大学,大学生转换到相对自由和宽松的环境中,离开家庭开始独立生活,自主地处理生活和学习事务,开始直接和广泛地接触社会,尝试各种选择,从而对有关自我同一性的重要问题,如"我是谁""我将来要成为什么样的人""我如何适应社会"等问题做出更全面和深入的思考。

而从以前相对简单、封闭和单一的生活环境突然到了一个完全不同的新环境,大学生一方面急于找到自己的位置和确认自己的方向,另一方面在诸多的不确定性面前表现出不适应,难以建立稳定的自我同一性。很多大学生是同龄人中的佼佼者,学习成绩名列前茅,受到老师宠爱,有优越感,但是到了大学发现身边比自己更优秀的人很多,以前的优越感不复存在了,不知道如何调整角色和身份。部分大学生到了大学后脱离了家庭环境,离开了父母的照顾,在新的环境中没有人依赖和顺从自己,在人际交往中感到失落。同时,大学生迈过了高考的独木桥,怀着美好的憧憬和理想进入大学,想要实现自己的抱负,却意识到"理想很丰满,现实很骨感",从而容易陷入不知

---

[1] 王树青. 大学生自我同一性形成的个体因素与家庭因素[D]. 北京师范大学, 2007: 8.

道自己能做什么、适合做什么的迷茫中。

(1) 身份的失落：从"天之骄子"到"无奈屌丝"

中国历来习惯把大学生称为"天之骄子""社会精英"，他们是从众多同龄人中成功冲过高考"独木桥"的佼佼者，传统观念里向来认为考上大学不仅意味着个人的光明前途，也代表着一个家庭的荣耀。这一代大学生是出生和成长在市场经济大潮中的一代人，从小伴随着激烈的竞争氛围长大，注重实际和竞争的观念深入他们的内心。但是，社会和家庭对大学生尤其是重点大学的精英角色的传统认识仍然根深蒂固。在计划经济年代和高校扩招以前，大学生人数较少，可以说是凤毛麟角，他们掌握了先进文化知识和技能理所当然成为社会精英。而且考上大学就意味着身份的转变，成为"国家干部"，学费、工作、生活、保障等一切都由国家安置，也就是人们常说的有了"铁饭碗"。在当时那种没有后顾之忧的情况下，他们能够安心读书学习、心系国家大事，大学生的身份具有很高的社会认同和自身的优越感。虽然扩招之后，大学生人数激增，就业形势变得异常激烈，但在传统文化影响和惯性的作用下，父辈们眼里大学生的光环并未逝去，他们仍然对通过上大学来实现"跳龙门"抱着殷切期待，因而对子女的教育十分地重视和支持。这种期待渗透到大学生的观念里，让他们背负着沉重的责任感和使命感，当面对现实的困境无法实现这种抱负和角色转换时，他们便会感到愧疚，惶恐，甚至是充满负罪感。

> 从小我就拼命学习，主要是受我妈妈的影响，她的逻辑就是你必须读书读得好，有学问才能受到别人的尊重，读书读得多以后就挣钱挣得多，读好书以后就有好的前途。爸妈还常举例子说如果不好好读书就会像谁谁谁一样去端盘子当收银员。有时候走在路上就会对我讲，如果不好好读书以后就只能像清洁工一样扫大街。所以从小学、初中到高中我的成绩都很好，基本属于"一心只读圣贤书，两耳不闻窗外事"，然后考上了北师大，他们很开心，不仅让他们感到骄傲，还是我们家族的骄傲。对于一个大学生，我觉得首先是一种知识的传承吧，成为国家的继承者和接班人。微观一点来讲，就是服务于各个行业。从自我角度讲，就是实现自我价值吧。(G同学访谈)

大学生的存在焦虑：基于社会实践理论的视角

显然，上大学，上好大学仍然是大学生的家长一代寄予厚望的一条改变命运的道路，也是很多学子寒窗苦读十几年的唯一精神寄托。很多调查数据都证明，从总体来看，受教育程度尤其是受高等教育的年限和收入之间存在正向关系，也就是说，受教育越多长远来看得到的回报也越多，正如经济学中的人力资本理论所阐明的那样，教育投入和产出成正比关系。

而现在大学生却流行以"屌丝"自居。"屌丝"一词在2013年首先从网络上蹿红，它源于网络恶搞，是"雷霆三巨头吧"攻击"李毅吧"的一种称谓，而后者欣然接受，并借以人数众多而迅速通过网络传开。一经传开，短时间内便迅速得到了广大青年的认可，形成大批"追捧者"，尤其是"80后""90后"的大学生主动接受了这一称谓，自称为"屌丝"。随后，"屌丝"一词经各大网络媒体长篇报道更加膨胀，形成一种青年亚文化。

以"屌丝"自居的人大多出身卑微，来自社会底层，他们内心纯真善良而谦和，却又对"高富帅""白富美"不满而故作清高姿态；他们自卑、自贱，却也自以为是。[1] 可以说，"屌丝"代表了这样一群年轻人：他们身份低微，生存状况恶劣，但内心又渴望得到社会尊重；梦想成功却又无法克服现实困难与挫折；对现状不满，却又无力改变。如果说它包含着一种阶级身份的指向，那么只要你身处其中，不管是否愿意接受这个命名，他们都无法逃脱现实中的残酷和冷漠。于是，他们选择了网络"自嘲"，用这种方式来自我解压和获得内心的安慰。

> 因为我自己家里条件不是很好，所以我一直很清楚自己的背景和地位，感觉还是受爸妈那种小农思想的影响。所以有时候有仇富的心，但是会压制自己。有时候和朋友发脾气，她家里条件比较好，说我们成长环境不一样，你不理解我。有时候我会比较委婉地讲，不会直接说你们家比我有钱。会压制自己，不去想自己家里怎么样，自己要越来越强，真的能够让自己生活过得更好。家庭背景是不能改变的，我能做的是让自己更有能力一点，通过我自己的努力，找工作、找实习，让他们觉得除了家庭背景，其实我比他们更优秀。有的人了解到我是农村的，觉得我的状态和家庭背景不太吻合，有

---

[1] 李超民, 李礼. 屌丝现象的后现代话语检视 [J]. 中国青年研究, 2013 (1): 13-16.

时候我会想这是一件好事还是坏事，可能是一件好事。（CX 同学访谈）

透过这种自我标榜的称谓，折射出大学生在精神层面上的群体身份认同，他们用自己内心最脆弱的声音在强烈地追问：我是谁？我们是谁？在"官二代""富二代"盛行的时期，普通家庭的大学生只能用无奈的自嘲和调侃来寻求内心的平衡和安慰，这是在充斥着强势力量的时代"小人物"用这种身份标签为自己寻找的群体归宿。他们一步一步无奈地完成从"天之骄子"到"屌丝"的身份转换，他们在思考自己的未来同时慢慢感受到社会的不平等，因为自身无法选择的家庭背景而带来的差异，在对比中形成对未来和命运深深的担忧。中国社会里的人际关系历来就是一种"差序格局"，大学生在渐渐感受到这种差异时，流露出一种在贫富分化面前的无奈，"官二代"和"富二代"犹如哈哈镜一样照出这些"农二代""贫二代"的卑微。通常，在一个追求稳定的现代社会，底层人是可以通过自身努力来改变原有的阶层，实现"向上流动"的。这样的允诺，在美国即被称为美国梦，而中国，某种程度可以说是通过万众瞩目的高考来实现的。高考这一"知识改变命运"的神话，从小便在父母的教诲、老师的鞭策和社会的激励下不断被演绎和转述，在大学生心里几乎成为一种无可置疑的真理。

慢慢地，各种各样的事情累积在一起，自己的事情，别人的事情，到了大三大四的时候，我突然觉得爸妈以前的教育错了，并不是拼命读书就会有一个好结果，对照一些成功人士我会想到自己光靠爸妈说的那种死读书肯定是不够的。有时候觉得自己读这么多书还不如那些不读书的人过得悠闲自在，感觉有点脑体倒挂，越读越穷了，觉得不公平。现在和我爸妈那个时代不一样了，那时候单纯的高考就能改变命运，可现在没有这么简单了。不过我爸爸说人不能只追求物质的东西，还要有精神方面的追求。

以前都是学习，进入大学后会发现社会上不同的人有不同的背景，不同的心理状态，每个人所承受的东西和压力都不同。精神状态也不一样，有的比较拼命，拼搏，劳累，辛苦地找兼职，减轻经济负担，有的会过得悠然自在。那些家里条件好的学生，可能一毕业父母就可以帮他买房买车，成天吃喝玩乐就可以了。条件不好的就有以后要买房买车的压力，或者家人生病了，就会承担很大的压力。所以每天想的事情都是不一样的。

前一段时间看到一个博客，讲一个人辛辛苦苦地读书，辛辛苦苦考上公务员，但是好多年后他还是只能在基层。而不像那些高干子弟或者某些市长的儿媳妇啊，天天玩，工资还比他高，还能使唤他跑腿。我当时就觉得很多东西是代代相传的，他没有什么后台，即使当了公务员也只能给人跑腿。有时候也会想到自己，没有什么依靠，找工作的时候肯定会很辛苦。（G 同学访谈）

从高考胜利的"佼佼者"和家族的骄傲，到对自我价值的怀疑，从"考上好大学就能有好前途"到对自己前途和未来的担忧，从自我和家人的美好期待以及现实中各种各样的身份和角色的对比，他们内心充满困惑和矛盾，不知道该如何选择与调适。大学生本来应该是以学习知识、增长智慧为己任和价值追求的，但是在现实的冲击下，他们会对此产生怀疑，怀疑这样做到底对不对，值不值得，怀疑自己努力学习到底有没有意义，意义在哪里？而这种对自身内在价值的质疑和冲击往往会危及个体自我认同的核心。"当代认同的直接对象是对人自身意义的反思。因此，当代认同危机在很大程度上就是一种价值认同的危机。"[1]

（2）角色的迷失：从"理想少年"到"颓废吃货"

2011 年南方某所院校中文系老师王小妮整理其一学期的上课记录，编写成上课记《孩纸们：2011 年上课记》，刊于《读库 201204》。[2] 该文 60 页篇幅，通过作者与"90 后"一代大学生课堂内外的交流，如实记述了"90 后"大学生的成长历程和感受，其中对大学生群体尤其是农村"留守儿童""流动儿童"的成长经历，家境的贫寒，个体的理想与现实迷惘，在其叙事记述中均得到集中反映，具体呈现了"90 后"一代成长的背景及其后续表征。作者以真实的笔触和生动的语言，呈现出 90 后大学生的生活状态具有普遍代表性。

别人喊"90 后""脑残"，而他们自称"孩纸们"，这两个字给我的直觉是：孱弱像纸，一捅就破。

---

[1] 王成兵. 当代认同危机的人学解读 [M]. 北京：中国社会科学出版社，2004：90.
[2] 张立宪. 读库1204 [M]. 北京：新星出版社，2012：60-121.

"孩纸们"的称谓和调侃是大学生常用的一个词,进入大学后,他们慢慢把自己从"天之骄子""社会精英"高高在上的身份拉回到残酷的现实中,从"孩纸们"的脆弱可以窥见他们内心的无力感。

> 每次去上课,跟随他们浩浩荡荡,涌满从学生宿舍到教学楼的道路。习惯了到教室门口停顿一下。少年们这时候在干吗,一进教室最先见到的场景是吃零食,前几年没这么明显。一个女生告诉我:老师,到了我们"90后",每隔两年就又是一代。这么说他们是最被催命的一代。按两年一代算,从美国人何伟写《江城》到今天,大学生已经天翻地覆了六七代,眼前的正是"吃货"一代。

> 真想问他们,能不能稍稍"高尚"一点,不要自称"吃货"吧,直到有同学在微博私信里告诉我:"老师,告诉您我为什么是吃货:除了好吃的真的美味,现在我越发觉得,什么都不可靠,人心更不可靠,只有吃到肚里的东西才可靠——但现在吃的也不可靠了——呵呵。"

在这些大学生心里周围的人和事一切都不可靠,只有"吃"才是他们唯一获得安全感和充实感的来源。根据马斯洛的需求层次理论,生理需要的满足是人最低层次的需要,只有满足了低层次的需要才能实现更高层次的需要,而需求得不到满足的时候人就容易产生焦虑。在弗洛伊德的理论中,"本我"的欲求就是吃东西、睡觉、想玩等一系列欲望,而如果人只是想要放任自己这些本能时,也基本上等同于动物了。

除了吃,他们似乎没有什么精神寄托。几年前,大学生宿舍还流行卧谈会,同学之间可以谈人生,谈理想,聊见闻,谈趣事,交流感情,增进了解,"宿舍卧谈会"曾一度是大学的特有文化,也是很多大学生对大学生活的美好回忆。而现在这种宿舍文化已经少见了,直接的交流和沟通变得贫乏。

> 大家平常在一起聊的也都是吃喝玩乐之类的,有时候也想谈谈理想啊,讨论一些时政类和深刻一点的话题,可是发现很多人会说你哪根筋不对了,用一种异样的眼光看你,好像觉得我挺奇怪似的,所以慢慢地我一般也不讲这些了……。

"现在连吃的也不可靠了"道出了另一个社会现实，正如大学生常说的一句话，"吃地沟油的命，操中南海的心。"如今，空气质量越来越差，PM2.5指数日益攀高，雾霾天气越来越多；食品安全问题越来越让人担忧，从三鹿奶粉到地沟油乃至到饮用水质量问题等无一不让人为日常生活的安全而担心。

有人说：我们还年轻就得老成地接受这个既定的命运，怎么可能不绝望，谈什么希望理想积极乐观。虽然也的确是这样，不知道怎么跟自己交代。

有人说：不知道为什么就是很难高兴了，觉得自己身心沧桑历尽。

对于未来，有人说：看一眼未来，然后装死，行尸走肉。

看不到未来的希望，或者更确切地说，大学生对于未来生活的无望，是他们当下体验着的一种存在状态。存在性焦虑的典型症状就是那种发自内心的强烈的"无力感"和"无助感"，从而在生活中总是表现出老气横秋、毫无生气的消极状态。青年本应该是人生最有活力最有朝气的阶段，对未来充满希望和憧憬，思想最活跃和有激情的时期，而现在的大学生一个个已经是"少年老成""未老先衰"的模样，缘何昔日的"天之骄子"变得今天这般死气沉沉呢？还未进入社会，没等展开曾经的理想，他们已经走向"内在死亡"，失去了生命本该有的朝气和活力。

期末考试，教室里死静。一个女生写得正投入，一粒粒染过的小红指甲在纸面上簌簌滑行，又好看，又轻佻。20 岁的年纪，本是轻盈美妙，不该太多的沉重，他们却过早地沉重了。想想我 20 岁，正在农村插队，动物一样地活着，身边的人们不只迷茫，且自暴自弃，还毫无辨识力地坚信大喇叭里宣讲的一切。今天的 90 后们，心里却早是明镜儿地，他们看这世界很简单，它就是两大块：一个是要多强大有多强大的社会，另一个是渺小的孤零零的他自己，碰到抗不过的强大阻力后，他自然退却，直接退回到靠饱胀感去知会的这个自身。个体和社会，就是这样分离、割裂着，他很知道他和那个庞大东西绝非一体，这也许就是两年更替一代人的不可抗拒的收获。

出路和担当，似乎无关，但是无担当就将彻底无出路。读过食指诗歌"相信未来"的那个中午，大二的王蕾随我离开教学楼。她问我：老师你相信未来吗？我说：我不信。她说：我信，我什么也没有，只有拼未来。

在王小妮的《上课记》中记录的很多大学生都是来自农村，他们或是留守儿童，或是打工子弟，他们基本上来自于社会的中下层家庭，他们的大学是一所很一般的大学不是"985"也不是"211"，他们的生存状态或许是代表了中国2000多所大学中大部分大学生的状态。对于他们而言，梦想和希望是那么遥不可及，在本应该有梦的年纪他们过早地陷入失望甚至是绝望。

"美国梦"一直被人们津津乐道，它曾经吸引和激发了多少第一代美利坚人在一片荒芜的土地上开拓疆土，建功立业，将一个年轻的美利坚民族在短短几百年的时间里变成了全世界头号大国，到今天也成为世界各国所推崇的"美国精神"。在这种精神的倡导下，每个人都可以平等地区追求和实现自己的梦想，每个人都可以发挥自己的创造力，每个人都有实现自己梦想的可能。正如电影阿甘正传里那个永远都在不停地奔跑的主角的一句经典的台词"don't give up, you'll never know what's the next chocolate"，只要努力，就会有希望，就会有平等地实现个人梦想的可能。这种美国梦许诺的是只要你努力，只要你跑，就可能会成功，如果你不跑，等于是自己放弃自己，只要参与跑步，在过程中你就可能会赢得比赛。我国学者孙立平说，中国现在是一个断裂社会，在几十年的发展过程中，社会各阶层经过剧烈调整出现了明显的分化，形成了一种"洋葱头"型的社会结构，上层和顶端占据大量社会财富和资源，而这部分人的数量极少，下层群体很庞大。同时，有很多人已经被甩到了社会结构之外，成为断裂社会的一员，就像马拉松比赛每跑一段就有一部分人掉队，他们不再能跟上整个社会的步伐。对于这部分人来说，他们已似乎没有什么实现自我的途径和可能，他们很想跑，可是前面没有路。2013年9月奥巴马在一所美国的中学的开学典礼上，对美国的高中生说"你们目前的状况并不会决定你们的未来。没有人决定你们的命运，在美国，你们决定自己的命运。你们掌握自己的未来。""只有努力，接受教育才能找到工作才能实现自己的理想和价值，如果不做这些，不履行自己的责任去努力，你什么也得不到。"所以，接受教育是每个人对自己的责任，也是对国家的责任。在今天的中国，面对残酷的现实和沉重的压力，流行的是"拼爹"，权贵横行，贫富差距不断拉大，我们的青年大学生不再相信教育的力量，不再相信知识的价值，不再认真对待学习，更多是相信关系和潜规则。他们希望通过个人努力来改变，却又无法逃离更大的社会力量的左右。

二、大学生存在性焦虑的三种主要类型

以上表现是大学校园中的普遍现象，而不同的学生表现出来的存在性焦虑有不同的特点，根据实际访谈情况，本书初步将其分为生存型、适应型、发展型三种基本类型。

1. 生存型

具体来看，生存型的大学的特点有：对于自我的认知比较消极和负面，对自我要么缺乏自信要么估计过高，与他人保持距离或者交往不畅，对社会的负面信息认知和体验较深，从而内心对社会和周围世界感到失望和无力，认为这个社会是不会好的，这样的心态让他对周边的人和事丧失兴趣，而且容易情绪化、愤世嫉俗。

> 大学这几年总的来说一个词就是很失望，对于教育制度是没有办法改变的，可能人性本来就是这样的，很多事情都改变不了。就是这样了吧……（LL同学访谈）

> 我觉得腐败啊，不公平啊，是很难改变的，也习惯了……其实我有时候挺仇富的，觉得社会很不公平。我知道自己家里没有什么背景，因为家庭不好的原因我心里很自卑，所以在学校参加了很多活动和比赛，觉得这样自己比较开心，也让自己有自信一些，每次回家告诉父母我又得了什么什么奖，他们就很开心……（CX同学访谈）

> 我可能受家庭的影响比较多，思维方式和处理问题的方式跟父母很像，在我看来是问题的事情其他人都觉得没什么，可能我也有点儿小农意识吧。而且有时候有矛盾了，我很容易发脾气或者冷战，不说话，后来回家仔细观察父母他们处理问题的方式也是这样的。（LL访谈）

这一类大学生基本来自农村，家庭处于社会的底层，进入大学后慢慢对社会有更多了解，通过和身边同学的接触及对比后，发现自己在很多方面不如家里条件好的同学，越来越意识到自己的弱势地位，内心感到十分自卑。这些学生的家庭在经济资本，文化资本和社会资本方面都不能为自己提供太多帮助和支持，加上平时与父母的交流和沟通很少，交流的内容也主要是限于吃饱穿暖之类的话题，缺乏心灵和精神上的理解和对话，使得他们的内心更加孤独。生存型焦虑的学生往往在人际交往中也很不自信，不敢大胆表达自己的想法，在人群中显得羞怯等。对于将来，他们没有也不敢有太多想法，只希望能够有一份工作，能够帮家里分担一定经济压力或者尽量让自己不给家庭增添负担。如果他们想继续深造，经济资本会成为他们考虑的一个重要因素或者限制条件。他们常常因为基本的生存问题而缺乏长远的眼光和更广阔的视野，他们无力去考虑长远的问题，因为他们不具备这方面的社会资本来开拓自身的发展。根据知识社会学家曼海姆的观点，我们知道一个人看问题的方式是由他所处的社会位置和境况决定的，个体在社会结构中的位置为其提供了一副"眼镜"，个体以此来理解和解释世界。在社会结构中，从横向来看，人总是处于一定的阶层和群体，处于一定的社会位置。从纵向来看，个体总是处于一定的历史阶段和历史时期，而这都是个体无法选择的。对于大学生来说，家庭出身和背景也是他们不能选择的，在这个意义上，个体是被没有选择地"嵌入"社会结构中的某个位置。对于一个只能考虑生存问题的大学生来说，是没有时间和余力去发挥他的社会价值和考虑社会责任这类问题的，而且他们也更容易对社会产生不满和负面情绪。

2. 适应型

这类大学生总体来看，在社会阶层序列中处于中间位置，他们一般来自城镇，独生子女居多，家庭方面虽然不能保障其未来生活的衣食无忧，也并不具有很多社会资本，但他们具有一定的文化和经济资本，不至于让他们为学校生活的经济开支担心。这些大学生多数对待学习比较认真，积极参与各种活动，一般在学习上很努力以获得优异的成绩，他们对学习的目的很明确，要为将来的发展打基础，因为那是他们争取更好前途的唯一出路。家庭灌输给他们的观念是努力就会有回报，知识改变命运。这也内化为他们内心坚定不移的信念，对于大多数没有特权和背景的大学生，他们只能通过自身的努

大学生的存在焦虑： 基于社会实践理论的视角

力来换取更好的生活。

G 同学是一个典型代表，她来自四川的一个中小城市，父母是医生和收纳员，属于普通工薪阶层，她是家中的独生女。从小父母就教育她"只有读书、学习好才会有好的生活，才会受人尊重，才会挣更多的钱"。所以她从小学开始就拼命努力学习，用她自己的话说"真的就像个书呆子一样了，每天想的都是成绩和分数，其他什么事情家里都不让管，只要读好书就行了。整个两耳不闻窗外事，一心只读圣贤书。"很多普通家庭的大学生都是抱着这样的信念和想法，因为高等教育是他们实现社会地位的改变和提升的重要甚至唯一途径，他们期望通过高等教育来提升自己的人力资本，实现向上流动。他们中间很多人从小到大都是好学生，老师眼里的好孩子，同学眼中的"佼佼者"。他们在进入大学前的生活除学习外，接触社会很少，社会视野比较浅。一旦进入大学，开始意识到不同的人有不同的背景，各种各样的社会现实和不公平的事件突然之间呈现在他们面前，使他们彷徨和害怕，担心自己会不会受到不公正的待遇、遭遇潜规则等。对于他们，一方面是害怕，一方面是尽力想了解社会的规则，以便自己能够适应这个社会的"生存法则"，在适应的同时尽力避免自己被太多地"同化"。"从小妈妈就告诉我，只要好好读书就能过好的生活，就会受人尊重，这种观念对我影响很深，所以我就拼命地学习，从小到大我的成绩都特别好，老师很器重我。但是到了大学发现并不是像妈妈所说的那样，不是只要成绩好就行了，还要看很多东西，你的表达能力、交往能力等，看的是综合能力。"在一般的家庭里，父母在培养孩子多方面能力的观念方面比较单薄，他们只是朴素地认为"学而优则仕"，更加注重学习成绩，孩子在成长过程中的熏陶和锻炼也很少。

干了半个月实习，工作比较枯燥，比较单一，公务员体制内民政局，当时我爸妈支持的，感受一下，自己找的，爸妈说去看一下，都说长大要考公务员，从小就给我说，找份体制内工作，有退休金，希望找个稳定工作，不是很有闯劲，公务员我也考虑过，但是觉得考不上，只是听周围说，至今没有看过书。我爸妈说公务员和老师都行，都很稳定，说我文静，当老师也可以。（CTT 同学访谈）

3. 发展型

第三种是发展型。这类大学生的家庭一般处于社会的优势阶层，而且至少在文化资本、经济资本和社会资本中有一种占优势地位。他们往往来自大中城市，独生子女；他们有着大方的谈吐，广博的知识面，开阔的视野，对很多事情有独立的判断和分析；能够较好地处理社会交往关系，社会化程度较高，公共场合表现得十分自信；在学校和集体中，能主动了解和熟悉规则，并有自己的立场；他们从小就通过家庭接触和了解很多社会信息，可以看报看书，从父母那里潜移默化地获得很多社会和人际的"缄默知识"。家庭能够为他们的学习和生活提供足够的支撑，也能为他们的未来发展创造相应的条件。他们在未来道路的选择上有更多自由和空间，对未来的设计也更长远，他们的家庭以及他们自身的定位和追求都更加长远。Y同学的父母都是受过大学教育的知识分子，父亲在银行工作，母亲是中学老师，从高考志愿填报的时候，就已经在家人的帮助下为自己将来的前途和事业做了长远的考虑和设计。

> 我高考第一志愿是教育专业，就知道这个专业不太好找工作，我模糊地想将来做教授。在教育学院有比较浓的学术氛围，进入这个学术圈子，北师大有比较好的学术资源，自己也会审视自己是否喜欢学术这条路，我发现我是喜欢的，然后就按照学术的方式打造自己的将来，我对教育学术的认同感很强。我已经规划好了，将来要出去读博士，也可能会读个博士后再回来，也可能工作几年再回来，肯定还是会搞学术，我博士会搞教育社会学，不知道能不能把国外的经验放进来与国内经验结合。我自己学者身份认同很强，我的一切也是这样规划的，如果现在告诉我出国出不去了，我可能就蒙掉了，我是这样一种状态。我家里人希望我读博士，我这种想法主要受家里人影响，但我是认同的，学科认同感很强。
>
> 这么好的学术环境，我不搞学术就是浪费了，因为我得到的指导都是最顶尖级的，如果我去做公务员了，这不都浪费了吗。我出去读博士选专业时，还真考虑过，因为我觉得需要好好读书，是为了学科建设而读书。觉得教育政策很少从社会学方面研究，而伦敦

大学的这个专业是最牛的，所以就选择了这个，还有就是选择什么样的导师，怎么样才能学到一些国内学不到的东西，我可以把我们没有的引到国内来，我还想过在伦敦读完博士后，是不是再去美国读个博士后。（YH同学访谈）

J同学的父亲是高级工程师，母亲是公务员，北京人，独生子女，家庭有良好的文化资本以及经济资本，她从小就博览群书，知识面很广，谈吐和表达十分自如流畅，对很多事情有自己的见解。

我从小就喜欢历史和文学，看了很多书，特别爱看三国演义，中华上下五千年。父母老买那些大部头的书回来，尤其是历史方面的，我可能看了太多这方面的书，所以很喜欢思考社会和历史方面的问题，父母觉得看书挺好，也经常让我看。（J同学访谈资料）

根据布迪厄文化资本理论，来自不同文化背景出身的人继承了来自家庭的不同文化资本，对个人在学校和家庭的教育中有着累积的影响，父母的教育程度越高，所具有的文化资本越高。G同学的父亲是研究生学历，母亲是大学生，她从大一开始，就决定自己将来要出国深造，大学期间她有明确的学习目标和方向，确定了自己感兴趣的专业。并且对未来的道路很有规划，计划先在国外拿到硕士学位，工作几年后再回国，这样对以后的发展就会很有优势。在准备出国的过程中，考托福和GRE一共考了9次，而这样的考试抛开时间成本不说，光报名费每次就得花费一两千块，这是很多普通大学生不能承受的。出国后的费用还要几十万元，也非一般的家庭能够承担得。这在农村家庭或者普通的工薪阶层等弱势阶层看来，是想都不敢想的事情。"我不想做学术，搞研究，我想做点实际的，我想去公共部门，国际组织。"J同学对自己的未来有着明确的想法和规划，而且家庭有足够的资本支持她实现自己的理想。

CX同学来自一个偏远农村，父母属于农民工，没有什么文化，因为一次偶然的机会，通过学校的项目出国交流了一周，以至于一年以后她都不敢相信自己还能出国，"我从来没想到自己能出国，认为这都是有钱人家的孩子才能有的机会"。可以看出，不同的社会境况对人的生存状态和发展具有深刻影响，不同社会阶层差异之悬殊也十分明显。

我希望做一些有挑战性的事情，实现自己的价值，我觉得事业单位和公务员都没有什么意思，每天一张报纸，一壶茶就打发掉了。暑假父母给我找了个政府部门实习，办公室钥匙都拿到了，不过我后来还是没有去，觉得那些端茶送水的工作实在是没有什么意思。在学校我就找了些外企实习的机会，我觉得更喜欢那样的工作氛围和环境，更有成就感。（W同学访谈）

W同学的父亲是私营企业主，母亲是公务员，家庭的社会资本和经济资本都比较好，所以她有很多可以选择和尝试的机会，可以根据自己的兴趣和喜好来选择。而在很多一般家庭的孩子看来，要得到一份去政府部门的实习机会都是可望而不可即的。"我觉得有很多地方是不公平的，比如他们可以通过一些关系找一份兼职或者得到一个机会，而我们只能靠自己去争取，不停地投简历、面试，经过激烈的竞争也不一定能够得到。"（CX同学访谈）

大学本应是民主和平等的氛围最浓的地方，但是在同一所大学里，以同样的成绩来到同一所大学，同样一个专业和同样的院系甚至同一个班级的大学生中却存在着很大的差异。CX同学来自中部小城市的农村，父母都是年迈的农民，没有任何文化资本，她是家族里唯一考上大学的人，而且还是因为有少数民族的身份享受了特殊政策才考上"985"大学的。她的经济条件很拮据，考上大学后每年的学费是依靠当地企业的慈善赞助维持的，生活费部分由家里提供，还有一部分来自学校的奖学金和勤工助学金。农村社会淳朴的风格和观念对她影响很深，由于她的家庭结构比较复杂，家庭氛围不和谐，家庭成员之间的交流方式粗暴，所以她性格比较敏感、文静，容易自卑，很不自信。对于社会上的"官二代"和"富二代"现象，她感到不满甚至有些愤恨。与身边家庭条件好的同学对比，也会产生自卑感，她平时很注重自己的外貌和行为，特别在意别人对自己的评价和看法。身边条件比自己好的同学的言行都会对她产生影响，比如参加唱歌比赛时，"其他同学的服装比自己好，化妆比自己的漂亮，整个效果会比较好，这些都是要自己花钱的，而我没那么多钱去准备这些东西。会觉得自己在台上不是那么有底气。"经济资本的缺乏影响了她的自信心，也更加深她对比自己条件好的同学的不满。

我感觉我们这一代人的状态有一个关键词就是焦虑。所有同学都会焦虑能不能找到工作、保研、出国，对未来的焦虑。作为女生，可能还会想将来找什么样的男人，上一辈人也会说女人的重心在家庭，但是我也上过大学我也有我的兴趣，那我凭什么拱手上交我的命运啊，觉得不大公平，也会对这个有焦虑。我觉得越好的大学学生越容易焦虑。我们前几天新学校的同学有个聚会。我有同学在商科的学校，那种焦虑就特别重，周围人都很想证明自己的时候，焦虑就很重。我对比较好的学校的同学焦虑，和不好学校的同学，感触是不一样的，他们就更容易随遇而安。但是好的学校的同学，就不是这样也行，那样也行，就是一定要这样，这样就会产生欲望，就会患得患失，担忧。（J同学访谈）

具有不同背景的大学生带着他们的差异来到大学，在共同的生活和交往中出现很多问题，甚至会出现矛盾与冲突。例如，有些家庭经济条件相对比较好的同学，有自己的笔记本电脑或手机等电子科技产品，晚上到了熄灯睡觉的时候，他们还继续上网聊天或者玩游戏，影响其他同学休息。而那些来自农村的经济弱势的学生，出于自卑不好意思对同学直接提出意见，把不满都闷在心里，从而导致宿舍同学之间出现背后抱怨，甚至"冷战"，致使宿舍里人际关系紧张，久而久之影响大学生的心理状态，焦虑随之出现。当然也有一些个体的主观因素原因，主要是大学生自我意识不够成熟，不能进行客观、正确的自我评价等。从大学生的总体年龄来看，相当一部分的学生已是成年人，在与人交往的过程中，能做到独立思考，有自己独特的追求及与人交往的方法、原则等，他们希望得到别人的理解与尊重，希望跟他人建立和谐的人际关系，并得到同学与老师的认可，获得特定的成就。然而大学生还具有不成熟的其他方面，经常以自我为中心，只注重自己的感受从而对周围环境的反应视而不见；在与环境和他人发生冲突时，无法对自我正确评价，缺少人际交往的经验与方法，无法有效正确化解矛盾，更容易责怪、埋怨他人，甚至出现仇恨、报复的心理，导致人际关系日益紧张。

大学生带着自己不同的家庭背景进入大学，在大学中的不同表现和状态很大程度上折射出他们的社会境况和其所处的社会阶层。今天的大学生生活在一个剧烈变化的时代，社会急剧转型，各种新鲜事物、现象及价值观不断涌现，给他们带来巨大冲击。我们知道，当社会急剧变化和调整的时候，社会的水平流动和垂直流动都会更加频繁，各社会群体成员的位置也会不断调整和变化，这个过程中各种各样的价值观念会产生激烈的碰撞和冲突，因为不同阶层的人是用不同的方式来体验这个世界的，他们对世界的认知和感受也是存在明显差异的。18世纪的文学巨匠狄更斯曾说"这是最好的时代，也是最坏的时代"，从处在不同社会位置的大学生对世界的不同认知和体验，不同的生存和心理状态，可以看出当前社会剧烈转型期的背景在他们身上的烙下的时代印记。

随着高等教育入学率的不断上升，意味着越来越多的人会接受高等教育，而其中很多人都是来自普通家庭，大学的作用和地位便会更加凸显。那么，大学成为社会的"中间阀"和"减压器"的角色更应得到体现和发挥，而不应是社会阶层再生产的工具，我们的大学可以而且应该有所作为。大学最基本的功能始终是人才培养，只有培养出更加有内在活力和创造性的人，才能不断促进社会的良好和健康发展，为社会进步和发展不断注入新的活力。据教育部官方数据显示，2012年本专科生在校人数近2400万，研究生在校人数近172万，每年研究生毕业人数超过48万，本专科生人数超过624万。这些数字都说明大学生是一个庞大的群体，他们作为高知分子，进入社会后，会产生不可估量的影响。当他们对社会发挥正面积极的作用时，就会形成强大的推动力和社会的创新力量。而如果他们对社会产生的消极面的影响，则意味着巨大的人才浪费和社会进步的阻力。

三、大学生存在性焦虑有待深入探索

通过上述大学生存在性焦虑的初步实证研究和分析，我们发现不同大学生在大学中的表现、状态以及他们对自我、他人和周边世界的认知都存在着明显差异。尤其是当我们在考察以同样的分数和要求考进同一所大学，以及就读于同一个院系和专业甚至是同一个班级的大学生时，其在学习、生活及交往等各方面的迥然差异更加能反映出很多问题。如生存型、适应型、发展型的学生他们对自我的认知，对他人、学校、社会及将来等许多方面的认识和看法，在学习和生活中所呈现出来的状态有着明显的差别。诚然我们不能排除个体心理与个性特征的影响，但是作为一个研究者，我们更应该看到这些差异所包含的更为丰富和深刻的含义。调查研究中得出社会因素对大学生

存在性焦虑的影响。而社会因素究竟是如何萦罩在大学生个体身上与其社会行动关联的？大学生个体又是如何在实践活动中与社会环境互动的？不同社会阶层和背景的个体所具有的特点如何影响其不同方面的存在性焦虑？这些问题都需要进一步深入剖析和解释。理论工具的长处就是能够帮助研究者对某一问题进行深入分析，形成独特视角和见解。在布迪厄的社会实践理论中，他建构出了一套独特而细微的概念工具来分析个体行动者在实践中如何行动、依靠什么行动、在哪里行动，能够帮助我们清晰地看到表面的行动背后深层的逻辑和被掩盖的社会结构因素的作用，从而揭示出大学生存在性焦虑的深层次原因和其形成的内在机制。

第三章

入大学之场：场域转换与角色适应

布迪厄的社会实践理论主要围绕着三个相互联系的基本问题展开：行动者在哪里活动、如何活动以及用什么活动。具体来说，就是行动者的实践空间、实践逻辑以及实践工具是什么？布迪厄建构出"场域""惯习"和"资本"三个重要概念来回答上述问题。"概念的真正意义来自于各种关系。只有在关系系统中，这些概念才获得了它们的意涵。"[1] 布迪厄说："从分析的角度来看，一个场域可以被定义为在各种位置之间存在的客观关系的一个网络（network），或一个构架（configuration）。正是在这些位置的存在和它们强加于占据特定位置的行动者或机构之上的决定性因素之中，这些位置得到了客观的界定，其根据是这些位置在不同类型的权力（或资本）——占有这些权力就意味着把持了在这一场域中利害攸关的专门利润（specific profit）的得益权——的分配结构中实际的和潜在的处境（situs），以及它们与其他位置之间的客观关系（支配关系、屈从关系、结构上的同源关系，等等）。"[2] 可见，场域不仅仅只是环境或者空间，而是一个关系、位置的复杂网络。"现实就是关系的"，"是各种马克思所谓的独立于个人意识和个人意志而存在的客观关系"。[3] 可见，"场域"是社会行动者所拥有的惯习和资本所展开的复杂关系网络。

大学生，作为特殊的社会群体，大学是大学生学习、生活的主要场域，

---

[1] Swartz, D.. Culture and Power [M]. Chicago: The University of Chicago Press, 1997: 5.
[2] 布迪厄, 华康德. 实践与反思 [M]. 李康, 李猛, 等, 译. 北京: 中央编译出版社, 1998: 133–134.
[3] 宫留记. 布迪厄的社会实践理论 [D]. 南京师范大学, 2007: 103.

大学生的存在焦虑：基于社会实践理论的视角

虽然他们在学习之余也会行走在社会的其他场域中。在各个场域之间的转换中，大学生作为"一定社会关系的总和"，是融主客为一体的社会实践者。大学生在场域中的位置由其对场域转换与融合的资本与惯习来确定。本章主要讨论大学生在进入大学场域前后的惯习改造、生成及适应场域转换带来的精神焦虑等问题，大学生进入大学场域后的角色如何转变？适应过程中面临着怎样的存在性焦虑？大学的管理凸显了怎样的场域规则？大学管理的问题与危机对于大学生造成了怎样的存在性焦虑？

第一节 "入场"前之"应然"：大学理想与期待

大学场域是大学中各种位置不同的复杂关系的网络。大学是大学生学习和生活的主要场域，大学生是大学场域的基本群体，也是大学场域最重要的群体，正是因为有了大学生的存在，大学才有它的生命力和活力。大学场域中的各种关系如管理制度、理念、校园文化、人际交往等都会对大学生产生重要影响。大学生在进入大学场域之前，是怀着对大学生活的美好憧憬与作为即将成为社会精英人士的角色期待而"入场"。然而，大学也并非他们理想意义上的"净土"，其中存在着发展的危机。当理想与现实相遇，期待遭遇危机时，大学生先前所期待的意义感、实践感等面临着被肢解的可能，他们不禁会问：这难道就是大学？

一、应然：想象中的大学

精神是场域内意义感或"幻象"的高度凝结，它能够凸显场域的独特特征，它代表了场域形成与稳定后的高度共识。大学自诞生之日起，就是与伟大的精神和崇高分不开的，可以说正是理想和精神赋予了大学经久不衰的生命力，支撑着大学在历史长河和世界变幻中跋涉和前行。纽曼曾说"大学的存在，是作为达到伟大而平凡的目的的伟大而平凡的途径，是塑造公民并随之带来的社会的和谐。"[1] 大学的理想和精神应是无论处在什么时代，都能像

---

[1] 约翰·亨利·纽曼. 大学的理想 [M]. 徐辉，等，译. 杭州：浙江教育出版社，2001：42.

黑夜中的一盏明灯，使所有心灵迷茫的人感受到力量、勇气和信心，并坚持不懈地走下去。在两千多年前的中国，儒家经典《大学》中就对大学精神有过精辟阐释"大学之道，在明明德，在亲民，在止于至善。"很多世界著名大学的校训中，都浓缩了对大学精神的高度概括，如牛津大学的校训"上帝赐予我们知识"；剑桥大学校训"求职学习的理想之地"；哈佛大学校训"与柏拉图为友，与亚里士多德为友，更要与真理为友"；耶鲁大学校训"真理、光明"等。在中国，如清华大学的"自强不息，厚德载物"；北京大学的"思想自由，兼容并包"；北京师范大学的"学为人师，行为世范"等。这些精炼的校训宗旨中都体现和蕴含了一种深厚和崇高的精神追求，也是大学生存和发展的核心所在。大学一直以来被人们誉为"象牙塔"，大学精神被称为"象牙塔精神"，那是高贵、永恒和不朽的象征，它代表了人们对于大学寄予的精神期盼，它是历史沉淀下来的稳定的精神象征。

> 小学时候我的偶像是武则天，我觉得她很厉害，而且还有个无字碑，小时候我觉得多自信啊，现在觉得很无奈。林语堂写的武则天传，是从男性的视角写，他非常不能容忍，认为这个女人本性就是坏的，所以对权利的欲望和疯狂导致这样的结果。我会专门去买《大明宫词》的剧本，《大明宫词》的导演李少红是个女性导演，有一个女性视角，我就很喜欢，两本对照看，武则天也有女人的情感，她是怎样一步一步推上去的，她作为一个女人如何与男权社会周旋。特别是我每到一个阶段结束就会再重头看一遍，每一遍都有不同的感受。第三本书是《第二性》，这本书从理论上探讨男女怎么回事。第二个阶段我的偶像是苏东坡，初中阶段变得很文艺。小学老师让我每天背诗，所以就积累了很多，苏东坡的心态我就很喜欢，他很会排解，而且很优秀，不是那种很伟大的，身上有种很恬淡的气质。现在我的偶像是玄奘。看了大唐西域记，我觉得他特别厉害，不是西游记的那个样子。玄奘为了自己的信仰偷渡出去，少年就成名了，他想知道真正的佛教是什么。我觉得一个人毅力有多么强大，能走13年。还有个纪录片是玄奘之路，我也很喜欢看。（J同学访谈）

大学生在"入场"之前，正是怀着一种对大学精神的应然想象、充满期待。大学的理想与期待是他们从高中场域中繁忙的应试学习向理想的大学场域转换的过程中不断建构出来的"理想世界"。在进入大学的高中生眼中,大学是一个多么神圣、多么自由、多么有创造力的地方,在这个场域内,他们可以充分发挥自我价值、实现自我成长。大学,是他们最高贵的精神寄托;大学是承载和实现他们梦想的地方。笔者对许多大学生的访谈都证明了这一点,在他们眼中,大学是有魅力的、是可以圆梦的、是他们追求人生价值的神圣园地。他们怀抱着这种追求与期待进入了他们梦寐以求的、被称之为"大学"的地方,开始他们的追梦旅程。

大学生想象中的大学应该是公平、公正的。在这里,不应有高低贵贱之分,不应有种族、性别、文化歧视,不应有践踏、损害、责骂。在这里,我们为着同一个目标而来——追求自我实现,实现精神成长;在这里,我们处在同一场域中公平、自由竞争——为着那高贵的学术;在这里,所有的制度安排和文化建设都是公平的——为着每个学生都能实现自己的人生梦想。在访谈中,有学生指出在他进入大学之前对大学的印象。

> 我之前觉得大学应该是一个多么神圣的地方,在那里,我不会再因为家庭贫困而受歧视;在那里,我不会再因为社会关系缺乏而被潜规则;在那里,我应该不会再自卑。我想那里应该是一个理想世界,我们自由公平地生存,一切都变得很简单。(XJ同学访谈)

可见,相对于高中单一的学习生活,他们对大学生活寄予厚望,尤其是对于那些弱势群体而言,他们更希望能够借此改变他们目前的境况。

大学生想象中的大学是以学生为本、关注个体成长的。相对于理想中的大学,他们的高中生活简直可以用"炼狱"来形容。在高考面前、在分数面前,所谓高贵的人都得"低他们一头",一切围绕高考转,所有安排都要有助于考试。在这样的场域规则中,学生的个体成长是第二位的,他们的实践逻辑是"你只有考上了大学,才可能更好地成长",而这也加重了学生对大学的期待程度。在他们眼中,大学是自由的,大学是为着他们更好地成长的,这种成长是自然的,不是逼迫式的。在访谈中,有学生指出在他进入大学之前对大学的印象。

> 我太讨厌高中那种暗无天日的生活了,从早到晚就知道学习,一切都给你安排好了,唯恐漏掉一点时间。大学应该不是这样的,

它应该是高度自由的,是我们可以自由安排的,真正有助于我们自我成长。(XJ同学访谈)

大学的魅力正是在于它在存在和发展中形成的独特气质和精神形式的文明成果。有学者将"大学精神"概括为创造精神、批判精神、社会关怀精神。[1] 创造精神是大学存在的价值所在,是大学在社会中保证自身地位的根本所在。爱因斯坦曾说"一个由没有个人独创性和个人志愿的规格统一的个人所组成的社会,是一个没有发展可能的不幸的社会。"批判精神是相对于社会现实来说的,大学应该以传播知识和研究学问为本,与社会现实是保持一定距离并且超越于社会现实的,并且要对社会现实有理性的反思和价值的建构。社会关怀精神可以说是大学的社会责任,在工业化和信息化时代的今天,高等教育的社会服务已经成为一个重要的功能,通过科学研究转化成社会发展的生产力,同时为社会生产培养高质量的人力资源。

二、实然:权力、意识形态对大学的形塑

大学本应是人类的精神家园,是人们心目中理想的社会净土。而如今,在大学走过了近千年的历程后,越来越多的人提出一个疑问,今天的大学还有理想可言吗?大学还有往日那种高贵的精神支撑吗?尽管显得有些荒唐,但遗憾的是大学本身在面对这样的质疑时显得胆怯和无力,因为它身上所承载的大学精神和理想似乎已经不甚清晰和明了。就如同一个长相漂亮、身段曼妙的模特,却没有文化、没有气质、没有精神,只有空架子,所以也成不了名副其实的名模。大学已经慢慢失去了自己的独立的界限,大学精神在慢慢弱化。在现代化的冲击下,大学传统的贬值和大学精神的功利化倾向日益普遍,让人对昔日高等教育不免失望和担忧。

如果说无奈更多的指这个环境,教学环境(课堂,考试,评价)和生活环境(和同学)。

我有点唱反调的倾向。比如回乡调研(所谓的响应号召)我觉得这些东西不应该在大学出现,我们不应该被禁锢在一个意识体制

---

[1] 赵红霞.大学危机管理[M].北京:轻工业出版社,2010:7.

之内。我自己就被边缘化了，我的思想在这种主流文化中得不到认可。比如党员在学校有一些好处（感觉这样，具体不知道是哪些），比如学生工作不应该纳入评价体系，他们本来就得到一些益处，例如经验、人脉等，也可以评工作奖，特别不能接受为什么把这些放在保研、奖学金里面。在这方面我的情绪掺杂得多一些，有的时候也不想去理会，所以举不出例子。我现在虽然觉得大学不好但是也不愿去改变。

我在大学里花这么多经历关注个体、关注自己，但是非常细小的东西在大学里面是不符合要求的，大学里的要求是，你要和社团、党组织、社会去做科研、做调研关系。没有一个评价说用你自己的反省。学校的社团里老人对新手的称呼，还有交谈的氛围，给我的感觉就是他们站在我们上面的，他们是站在我们之上，认为比我们知道的多，比我们有经验，最主要的就是那种氛围，我感觉不平等，给我的感受就是有些人总想要表现自己，我在一个社团待了一段时间，后来就退了。还有本科生科研的问题，道听途说吧，就是本科生教育基金，感觉就是有点烧钱，大把大把的，2万、3万的最终没有用的，就分了，具体没做过调查，可能也没法调查，可能感觉投入很多，而且，质量怎么样也没法保证。（LL 同学访谈）

根据布迪厄的社会场域理论，社会行动者要想进入场域，首先必须认同场域的游戏规则。因为行动者是想进入的，既然想进入，就必然需要交纳所谓的"入场费"。在此过程中，惯习会引导社会行动者将场域"建构成一个充满意义的世界，一个被赋予了感觉和价值，值得你去投入、去尽力的世界。"❶ 在建构意义或"幻象"❷ 的过程中，必然伴随着情感、态度等的变化，自己的"幻象"或意义会遭遇到现实的阻碍，随之带来种种心理的不适，如焦虑感等。一旦社会行动者进入场域，就会获得这个场域所独有的行为和表达的"特殊代码"。

---

❶ 布迪厄，华康德，等. 实践与反思 [M]. 李康，李猛，等，译. 北京：中央编译出版社，1998：172.

❷ 有学者将这一过程称之为"幻象"的建构，参见：朱国华. 场域与实践：略论布迪厄的主要概念工具（下）[J]. 东南大学学报（哲学社会科学版），2004（2）：41.

第三章　入大学之场：场域转换与角色适应

大学生在进入大学之前认为大学是一个理想的学习的殿堂——自由、民主、公平、公正。但是，实际上大学也是由意识形态和权力形塑而成的一个场域，这也是大学的实然，是大学生应然中的"实然"。目前，我国正处于急剧的转型时期，社会结构在发生着重大变革，各种思想文化相互激荡，社会生活方式和组织形式也日益多样化，形成了传统与现代、本土与外来、主流与非主流文化、大众文化与精英文化等相互交融的格局。大学作为社会结构中的重要组成部分，置身于多元的社会，面临复杂的内外环境，同样是各种各样社会思潮交锋的领地。同时，大学又是人员高度密集和人才高度集中的场域，更加容易成为危机的高发地区。所谓大学危机，是指发生在大学场域内或与大学有关，由大学内外因素引起的，干扰大学正常运行的、严重损害或可能严重损害大学组织功能及其成员利益的事件、变故或演变趋向。❶ 大学场域危机的发生更多是由于大学与社会之间的不平衡而引发，即社会变化过快，结构调整加速，使得大学跟不上这种结构的调整，从而产生诸多不平衡，如日益陈旧的课程内容与学生知识增长需求之间的不平衡；教育与社会发展之间的矛盾；社会各阶层间的不平等等问题。大学危机从一个侧面证实了大学场域的复杂结构，它并非那么"纯粹"，而是受到外在社会整体的多元影响，是社会中的一个小"场域"。同时，大学管理中的官本位、官僚化等问题，也凸显了政府权力和意识形态等对大学场域的潜在形塑，使得大学场域再也难以"纯粹"。

　　大三的时候还加过校外的社团，一些公益组织，是我以前的同学介绍的，youth-think，有些时候会由我们承办一些工作和会议。2012年4月份去的，现在不怎么做了。我是觉得无论校内还是校外的组织都挺没意思，挺尴尬的。德鲁克说过一个组织存在的根本意义就是使命、远景，但是多数都不是这样的，你就发现这里面每个人都迷迷瞪瞪的，一伙人闹在一起，很多人都像过家家，你组织一个活动都希望有人看，有人来，但是你怎么确定你组织的这个活动是有意义的呢，我觉得很多活动是为了办活动才举办，就是到这个季节了就要办这个活动，办这个活动很多时候是一种扰民，对于组

---

❶ 赵红霞.大学危机管理[M].北京：轻工业出版社，2010：2.

织内的人，组织外的人都是，很多时候班里必须要有几个人参加，就成了暴政了，目的不明确，过程就没有意义，多数的活动像无头苍蝇，很多事情都特别琐碎，说是锻炼了这个小孩，让她跑腿什么的，但是你锻炼完总希望让她发挥更大的作用吧，就没有了，因为师兄师姐也不知道是什么。

我同学说我们加入过的组织都没有归属感，除了骨干的那批，比如中间隐退的，大二就扯了的，你说这个经历对他来说是什么，是不是也没有归属感。校外的总是希望多么多么有名，写在简历上非常非常好看，我们这个组织，为什么要帮联合国办这个，办这个能干吗，没有一个人能答出来，没有人说清楚，上面交给我，我就把它办了。我更欣赏四环游戏小组，白鸽，固定的那种，做事情纯粹一点，做人单纯一点，就幸福了。所以我有点着急。

我觉得咱们的学生工作和学生有点脱节了，连学生的需求都不知道，需求的是和校友的联系，安排一些party，让他了解和认识一些走过这些路的人。比如像教案设计大赛，我们的组织总是被活动牵制，总是觉得活动才是这个组织的最大要义，但是我觉得很多组织不是通过活动来改变的。（J同学访谈）

第二节 "入场"后之"实然"：大学管理与存在危机

大学生是知识青年，对于知识、理想的追求和向往是大学生的共同特点，他们处于人生中学习的黄金时期，大学的经历和积累对于他们的一生都会有深远影响。大学生在"入场"前，对大学生场域的"幻象"认识使得他们对大学生活充满了期待。然而，经过场域转换后，大学生"入场"后适应过程中面临着一个怎样的"大学"？这个大学管理存在哪些问题与危机，这些问题与危机的存在，对于大学生的精神世界、人生观和价值观以及对社会及他人的认识和看法会产生怎样的影响？

一、大学管理制度：场域规训与人的"空场"

伴随大学规模的扩张膨胀以及各国政府对大学的干预管理，使得大学的管理呈现出了科层化、行政化、官僚化等特征。特别对于我国的大学而言，由于"官学一体"的历史传统，使得现在的大学管理呈现出更加行政化的特征。科层化的管理模式对于学校管理而言可能是有效的，但对于大学精神的本质追求、对于作为大学生的主体教育而言不见得有多好。科层化与行政化的结合，使得学校管理越来越官僚化，大学成为政府的附属部门，大学管理人员成为国家的干部，大学按照官僚结构模式运转而背离了其初衷，大学管理的内容偏于各种考评而忽视了学生的人文关怀及生命取向，这种异化的大学管理本质上是一种大学生的"空场"，"规训化"是其基本特征。

美国著名道德哲学家弗兰克纳（Williamk Fraxlkena）指出，"从道德上进，任何道德原则都要求社会本身尊重个人的自律和自由，一般地说，道德要求社会公正地对待个人；不要忘记，道德的产生是有助于个人好的生活，但不是说人是为了体现道德而存在。相反，道德是为人而存在的。"[1] 笔者认为，这个道理同样适用于管理。管理是人的管理，人既是管理的对象，也是管理的主体。没有主体的积极参与，就不是管理，即便有了主体，但如果主体不敬仰和服膺管理，也同样没有管理。人是管理的主体，管理是为人的需要而产生，是为了人更好地存在，这是管理的内在价值。凡是忽视或远离主体人的管理，都是在过分地夸大管理的工具价值或外在价值，是"无人"的管理。长期以来，在工具理性的控制下，学校把管理视为主体改造客体的生产性行为、工具性行为，且以社会的要求为基础，以为社会服务为目的，更多关注的是集体的理想性的需要，其个体差异化的享用功能等多视野多角度的认识被遮蔽，忽视了不同背景和差别的个体生命的认知、情感、信念、行为等重要价值。因此，传统的规范式的大学管理对所有学生是一视同仁的，忽视学生的不同惯习和差异性的行为方式，缺乏对学生个体生命主体身心发展和生活多样性的关注。生命哲学家柏格森指出："只要人们的认识服从某种实际需要、与人们的某种行动相关，那么这种认识必然只是抓住了事物之适

---

[1] 威廉·W.弗兰克纳.善的求索——道德哲学导论[M].沈阳：辽宁人民出版社，1987：247.

应人群的实际需要的那一面，而忽视了其他方面，从而忽视了事物类在、本质的东西。"❶

我觉得中国的高等教育质量不高。比如说老师就光收我们论文，不给我们改，只有×××老师。老师能给我们上好课就不错了。像×××老师，他好像就很难理解我们本科生的喜怒和真实的痛苦，就说你们不要着急啊，你们焦虑什么呀，你们都太浮躁了，但我不考虑工作什么的事，谁来为我考虑啊。（J同学访谈）

感觉基本上三年时间比较失望。因为当初选择这个专业的时候，是抱着一种变革教育的理想来的，因为当时在高中的时候所受的教育就让我感到很不愉快。但很多课堂上你会发现都是有固定答案的，我挺计较这些答案是什么，就总是感觉自己的想法被压制，被压抑着。自己虽然有时候也可以表达出来，但总体的感觉是，表达出来之后，也不会有什么回应。最多还是那个样子。现在每到考试就会出什么整理的复习资料之类的，就按照上面看。这就很机械，比高中还机械。

这些资料都是一届一届积累下来的。到后面，像这种历史的、公共课的科目出的题都是一成不变的，然后后面就是几乎不用整理，大家都按照那个做。当时，我按照划定的范围自己整理。我是要表达自己的这种观点。但是结果是落在别人后面，就这种感觉。（LL同学访谈）

目前，我们的大学管理偏重服务于社会与政治的意识形态功能，对学生进行教条的、抽象的原则与规范的灌输与说教，忽视了生命个体的物质利益和精神、情感需求，管理内容盲目追求高、大、全的理想化，背离了当下生活的多样性，远离学生生活和实际诉求。这样的管理缺乏尊重大学生之前的成长惯习和差异，难以获得大学生对大学管理的认同，甚至会造成大学生的反感。同时，"在科技至上、工具理性和实用主义甚嚣尘上，大学出现了科学

---

❶ 刘利，申涤尘. "去生命化"高校德育范式的现实缺憾及取向 [J]. 现代教育科学，2011 (3)：55.

与人文的分裂，人文学科备受冷落、人文关怀缺失、人文精神逐渐式微。"❶ 偏重规范管理的大学忽视了大学生的人文关怀和精神世界的提升，使得学生的精神世界野蛮成长。由于统一性的、内涵缺失的大学管理模式使得大学生的人文素养缺乏，出现了许多负面的恶性事件，有学者指出"大学生缺乏学会做人的教育"。❷ 从教育管理角度来看，如前文所述，正是由于这种低效甚至无效的大学管理模式，使得大学生对于大学的管理乃至大学缺乏基本的认同，即目前的大学管理远离大学生的成长惯习。看似井井有条的大学管理，实则缺乏对大学生个体的深度关照。正如访谈中有大学生指出的那样：

> 现在的大学管理就想着怎么约束我们，不让我们干这，不让我们干那，规矩制定后自己却不执行。看看他们都在干吗？还不是一个个忙着做课题、搞项目、拉关系……
>
> 比如××大赛里面可乱了，可操作空间可大了。我觉得这事怎么越来越怪啊，然后就觉得太不可思议了。你只要进去你就知道了，就是这样的，外人可能不知道，不知道怎么操作。（J同学访谈）
>
> 当时学生会主席团选举的时候，有的直接在选票上写什么"恶心的民主""恶心的学生会"呀，我特别不理解这些，我觉得这些事情不是学生会的问题，民主不是绝对的公平。但是它是一种相对来说比较好的方法，我觉得永远都达不到完全的公平，所以我觉得你讨厌民主你不能赖学生会，这个学生会也没办法，可能学生会也有问题吧，可能学生会没有让他们感觉到是为他们做事吧。（YY同学访谈）

传统的大学管理以道德规范为导向，传授规范，以秩序的形成至高目的，而没有认识到规范或秩序只具有手段价值。在规范至上的传统管理中，管理规范获得了绝对化的权威地位，对秩序的追求成为管理的唯一旨趣，管理过程中充满了对生命的支配、控制、处置、压制，它使自然生命失去了自由，使人的精神生命处于一种奴役之中。管理规范的绝对化致使管理异化为一堆堆调节人际关系的公式，如"你应该这样……"，"你不应该那样……"，导

---

❶ 朱景坤. 社会转型期中国大学的危机 [J]. 现代教育管理，2013（1）：53.
❷ 王英杰. 大学危机：不容忽视的难题 [J]. 探索与争鸣，2005（3）：36.

致了学生的人际关系的危机。对于在校大学生来说，人际交往主要包括同伴交往和师生交往。当代大学生的人际关系较之以前比较淡漠。同伴关系是大学生最重要的交往关系，同学之间的交往也是最频繁的。很多调查表明人际交往是大学生面临的一个普遍性的问题。

> 人际交往是让我很焦虑的一个问题，我不知道应该怎样去相处，有时候觉得挺孤独的。（XY同学访谈）

大学生在进入大学之前生活在父母和老师的庇佑下，生活环境单一，基本上是到大学阶段才开始自己独立生活，在新的环境中，容易感到孤独和脆弱，他们渴望建立亲密的友谊和情感。现在的大学已成为一个日益多元的社区，生源结构和来源日益多样化。一方面，来自城市的大学生独生子女居多，他们比较自我和个性，情绪稳定性和生活自理能力差；而来自农村的大学生往往容易自卑和心里不平衡，所以交往中难免出现冲突和摩擦，加上由于不同的家庭背景和成长环境使得他们的生活习惯、价值观念、生活方式都存在很多差异，容易引起矛盾和冲突。其实，问题的实质在于不同场域中的不同惯习在大学场域中相遇后引起的不适应。因此，如何在大学场域中调适来自不同场域的惯习从而生成新的惯习，是大学生需要学习和面临的一个难题。理想的期待和现实的差距常常让他们感到知心朋友难求，人际关系处理困难。现在的大学校园中，同学之间的交往主要以寝室为单位，容易"抱团"，寝室内成员每天生活在一起，交往比较密切，与其他寝室则没有太多交道。加上大学的课程安排比较灵活和分散，如果不是一样的课程，与其他同学甚至见面的机会都不多，有的甚至一个学期都不会有交集，一个学期下来，班级的同学都不能认全。加上大学生的网络生存方式，即使在一个宿舍里，也不见得有多么亲密，现在走进大学生宿舍，可以看到每个床位前有一个床帘，很多学生一进宿舍各自把床帘一拉，在自己的小空间里对着电脑各干各的，互不干涉。他们或许可以一起吃，一起玩，一起聊八卦，但是相互之间的心灵沟通很少，所以很多大学生会觉得自己没有可以交心的人。因为，每个个体都"守"在自己的关系网络中，不想或不愿与其他的关系网络发生关系，除非外在环境的不得已。"守"着自我的惯习，不想延伸或拓展其他的网络，势必造成关系网络的稀疏，主体间惯习的淡漠，甚至人际信任的危机。

现在市场上很多关于人际交往的书火得一塌糊涂，有教你怎么和老板打交道的，有教你如何"读懂"上司的心……五花八门，可以说是反映了现代社会人与人之间的一种关系，不再像传统社会那样只要真诚相待就可以了，现在人际关系变得复杂，人与人之间也似乎更多地是戴着面具生活。不同的场域具有不同的角色，正如布迪厄所说的"惯习"，不同的情境下人们会有不同的话语和行为方式，这就无形中增加了人们交往的负担。对于大学生而言，他们从大学前相对单一的环境中到大学，需要处理与同学、老师、朋友等各种各样的人际关系，这成为困扰很多大学生的难题。有的同学说：

  我不知道怎样和同学相处，我感觉自己走不进他们的内心，他们也不能走进我的内心。（XY同学访谈）

  这其中又分为不同的类别，一种是来自农村或者弱势家庭的大学生，他们内心比较自卑，觉得自己和别人相比，什么都不会，没有特长，家庭条件也不好，在公共场合不像别人那样能够大胆地表达自己，所以在交往中很不自信，比较敏感，加上他们带着农村或者偏远地区的淳朴气息来到大城市的校园里，发现自己不能很好地和城市的孩子相处、融合。同学之间的关系也不像他们想象那样简单和纯粹，而是充满竞争和较量。他们的表里如一，相对于那些较好家庭背景的同学来说，没有"前台"和"后台"的区别，这给他们造成了很多困扰。另一种是来自城市或者较好家庭背景的大学生，他们从小生活在优越的家庭环境中，加上多为独生子女，在家里基本上都是处于中心位置，在家庭场域中的惯习会不自觉地迁移到大学场域中，所以在与人相处中不太会考虑到他人的感受，比较自我中心，于是在宿舍同学关系或者班集体同学关系中常常不太会为他人考虑，人际交往中也容易出现摩擦。这些都会成为大学生整个学习和生活状态的重要影响因素。

  大学中师生关系也是大学生人际交往的基本形式，师生交往的质量直接关系到人才培养的质量和素质，影响到大学生在学校的归属感和安全感。自高校大规模扩招以来，大学生的数量迅速增长，但教育经费投入却相对不足，使得教师队伍的扩充滞后于学生数量的增长，加之教师科研任务重而无暇顾及与学生的交流与沟通，师生关系明显受到影响。目前，大学师生交往少，关系淡漠。除常规的课堂交往外，很少有其他途径的交流，感情沟通渠道明显变窄，蜕变为一种纯粹的工作关系。因此，经常出现一个大学老师面对一两百学生的情况，老师上完一个学期的课还不能认全班上的学生是非常普遍的情况，更不用说能叫出每个人的名字了。

> 还是有几个可以说得上是我比较喜欢的老师吧，但是一旦走出课堂以后，比如现在再来回想，就感觉好像没有像亲情或者是真挚的友谊的那种感觉。我觉得思想的交流或者是学识这方面是令人钦佩的一个要素。但是另外想要和这个老师有很好的关系，在生活当中像朋友一样，像亲人一样，而不是说像站在殿堂上的那种交流但是我好像没有这种感觉。（LL同学访谈）

而且，很多教师一上完课就直接走人，几乎没时间与学生建立起沟通、交流的关系。这使得学生对教师产生信任危机，良好的师生关系越来越不容易建立。更有甚者，师生之间发生不必要的冲突，酿成了一些悲剧。访谈时有同学指出。

> 我们换了班主任，这个学期换了一个更年轻的，之前那个调走了，在我们刚来的时候跟我们接触挺频繁，隔三岔五开一次班会，主要大一起引导作用，大二就没有那么多事了，当时还找我们寝室挨个谈话。到大三的话没什么事，也就保研，以后的事情，通过飞信通知就可以了，不需要单独找，接触不多。（CX同学访谈）

大学班主任或者辅导员可以说是大学生们的"第二导师"，除了学习上，还要在思想和生活等各个方面对大学生进行辅导和管理。但是实际上，看似面面俱到，细致入微的"关怀"却并没有进入学生的内心。

> 我感觉像被骗进来的一样，对这个学校没进来之前一无所知，入学教育前，大学不是想象的那么好，或者说它可能不适合你，像我这样，我想要自己挖掘一些东西，在评价上却处处碰壁。大学里面有两种情况，你可以变得自我，可得体制认可，我觉得各个院系没有给学生这个准备，或者你觉得在大学里头，但是后来发现不是，预期不一样。我们班在开第一个新生见面会的时候，上面写着，"我们是一家人"，但是我们是一家人吗，根本就不是，那你干吗这样写。本来大学里面我们就要各自做各自的事情，为什么不把这个现实呈现出来，比如说大学里都是自己有自己的事情要做，一个寝室

里有六个人你们可能会面对冲突,还有就是你们应该怎样做,而不是为了保持表面的和谐,我们一定要相亲相爱之类的,最后大家有意见都不说了,大家之间相互闷在心里,然后就冷战。这很不好,而且没有说明白,你可以做你自己,而且也没有说我们要怎样去考核你,都没说。包括实习的事情,我们老早就把实习资料准备好了,但是实习材料什么时候交,没人说,就是这样。信息很多没有公开,很多时候有人说你自己不去查阅,那我想说信息挂在哪个网站的哪个角落我们根本都不知道,却说是学生懒。你为什么不去主动一点,让学生知道不是更好吗。(LL同学访谈)

究其根源,正如哈贝马斯所言,师生间交往的主体间性没有建立起来。教师并没有把学生视为独立、自主的主体来看待,并没有意识到学生是精神的生灵,或者说即使是意识到了,但出于自我的惯习或场域的需求,学生对其而言,并非是他们场域中的"重要人物"。因此,更多地出于利益之考虑而并非出于人文关怀或情感关照,教师将学生排除在自己场域之外。俗话说"教学相长",这个"长"不仅仅指知识技能等浅层次的利益需求,"长"更多的是反观自身而获得的一种精神升华,一种享受性的精神成长。基于精神或基于情感的意义丰盈着作为主体的"人"的内涵,才会不丢掉作为"师者"的本分。

二、大学管理理念:精神弱化与思想迷茫

自20世纪90年代末以来,我国高等教育发生巨大变化,开始进行了大规模扩招。美国著名教育社会学家马丁·特罗在20世纪70年代提出了以高等教育毛入学率为指标,将高等教育发展历史分为精英教育、大众教育和普及教育三个阶段的基本观点,成为衡量高等教育发展水平的国际指标。根据这个理论,目前我国已经在短短十几年时间内实现了高等教育的大步前进,进入了高等教育大众化阶段,大学录取率大大提升,享受高等教育的人数大幅度增加。但与此同时,引发了高等教育质量等一系列问题。在发达国家,高等教育从精英阶段走向大众化是由于工业生产和社会发展的需要催生的"内生"型需求,而我国的高等教育大规模扩招的最初动因并非出于内在发展

的需要，而是由于亚洲金融危机造成我国在出口贸易中受到重创，进而对国内经济产生严重影响。为了刺激国内消费，也就是"拉动内需"来弥补出口损失，从而实行了高等教育的扩招。因此，由于师资、专业教学条件等基础条件的发展落后于招生规模的扩大，导致众多高校的人才培养目标趋同甚至脱离实际，培养的人才不能满足社会的需求，不能得到社会的承认，这就使得整个高等教育的教育教学质量受到影响。

　　首先，社会外部环境对大学精神的影响，使得大学精神弱化。一位中国台湾学者曾经在内地重点大学兼职三年，耳濡目染这里的一切，发出深深的感慨，说这个大学上上下下简直就是一家公司，所有的人都在忙着赚钱，充满了铜臭味，而大学本应有的那种对知识、理想和信仰的纯真的追求荡然无存。社会中的消费欲望膨胀、市场中的竞争法则、泛娱乐化的生活方式、功利化的价值取向等世俗的社会理念已经侵入大学的日常运转当中。大学已然成为一个世俗场，大学的功利化也日益严重。在这里，教育成为服务产品，市场规律成为指导法则和价值准则，教师成为"老板"，制造利益的同时追逐利益，大学生变成了"打工仔""免费或廉价劳动力"，有些学校和院系甚至还实行严格的公司化管理制度，按点上班，出入打卡。教师们为追求科研成果的数量成了"工蜂"，他们必须要有以数量来衡量的成果才能评上职称，这种管理体制和评价方式让教师们不得不拼凑，粗制滥造，生产一些学术垃圾，很多老师都存在着职业倦怠，而这样的消极情绪必然会影响到他们的教学和工作，也会带到学生当中；教授专家们忙于商业，勤于应酬，更像个商人，唯一没有时间的就是安心教学，安排时间和学生真正地交流；学校追求学校规模的扩大和层次的提升，专科和学院忙着升级成大学，一般本科忙着升级成重点大学，而重点大学忙着建设世界一流大学，不顾各自应有的功能定位和职责盲目地攀比和跳跃式前进。身为北大前校长的许智宏坦言，"中国目前没有世界一流大学"，❶ 这无疑是揭开了中国大学的"遮羞布"，揭示了这背后蕴含的深层次病因——现在大学的浮躁、功利和盲目。大学成了什么？大学生又成了什么？如果大学失去其高贵的精神与理想、失去守望社会的基本职能，而沦落成为世俗的逐利场，那么还指望大学能够成为大学生人文关怀

---

❶ 吴定平. 中国到底有没有世界一流大学［EB/OL］. http：//news.xinhuanet.com/comments/2010-04/16/c_1236763.htm.

的教育圣地吗？还指望大学场域中大学生能超群脱俗、自我实现吗？显然是不可能的。大学精神的弱化，社会功利化在大学的蔓延，必然使得大学生"幻象"中的大学精神与大学理想变得现实起来。在没有精神滋养的大学场域中，在缺乏人文关怀与人生指导的逐利场中，必然造成大学生精神世界的危机。

> 如果从我自己来看的话，觉得教育应该鼓励学生的自由思想，然后学生进行自由讨论，他们的观点可以得到重视，大家真正在一起平等地进行讨论，而不是让人心里面感觉有一个权威在那里。或者是某些人的意见得到重视，有些人的得不到重视。或者是某些人过于使用其他的权力，其他看不见的这种权力来推行自己的观点。比如，经常出现的说是大家一起讨论，但最后都是一个人的声音。其他的人不知为什么就都沉默下去了，观点得不到表达。我想这不是学生不想表达，懒于表达，或者不会自己思考。而是缺乏一种氛围，从一开始就是做过几次尝试，但失败了，最后就不想表达。(LL同学访谈)

其次，大学宗旨、办学目标空泛，在具体管理中没有落实和体现，缺乏对大学生的关照，使得大学精神难以体现。大学的根本在于大学精神和坚守，而不能在发展的过程中丢失了其存在的灵魂和根基。大学的宗旨、办学目标等是大学精神的集中体现。然而，目前我国的大学宗旨、办学目标比较空泛，没有落实在日常教育教学和管理实践中，给大学生带来了不可避免的恶劣影响。对于大学生来说，大学就是他们开始认识社会、了解社会的窗口和平台，当他们带着美好的憧憬和理想来到大学后，他们所看到的事实与自己想象的相差甚远。大学里随处可见的都是商业化氛围浓厚的标识和行色匆匆的人，大学本应有的那种从容和淡泊的身影很少见到，真正能够让人感到大学深厚底蕴和精神魅力的大家和老师少之又少。在访谈中，大学生们告诉我他们已经"看透了"，教师们都在忙自己的事（赚钱、做课题、评职称、外出培训讲学等），根本无暇关心学生们。他们对此已经十分"淡定"（他们声称他们经历了"期待—失望—习以为常"的过程），大学无非就是个"自生自灭"的地方。大学作为大学生存在的重要场域，不仅是大学生生活的物理空间，更是他们的精神寄托的空间，而大学生的精神世界的荒芜其实就是大学精神荒芜所带来的恶果。大学场域的精神弱化势必使得场域之中的行动者——大学生重新调整自己的实践策略，在这之中的转换、融合过程中不可避免产生心理上的焦虑与不适。真正的大学精神是内在其中的文化和经过时间沉淀而成的智慧，是在大学中每个人的言行举止中体现出来的一种气质和涵养，而不是靠富丽堂皇的校舍和教学楼堆砌出来的。多少年前，著名教育家梅贻琦曾说过，"大学之大，非大楼之谓者也，而在于大师也。"

> 到了学校之后，总的来说，对这个方面了解越多，改变和变革越困难。无论怎样去变革，都是……可以说，我以前有些完美主义的倾向，所以我感觉无论怎样变革，都不能尽如人意，都不能让所有人都满意。总感觉这就是一个价值的选择，很多条路摆在我们面前，选哪一条，好像都无可厚非似的。这是一个方面。另一个方面，上大学之后，接受的这个教育，感觉有些方面和高中那个时候不愉快的方式，并没有什么两样。(LL同学访谈)

大学管理缺乏精神的涵养，使得大学生在思考人生意义、方向、价值等问题的关键时期，缺乏精神的引领和指导。大学本应是一个滋养心灵和开启智慧的场域，大学精神的弱化使得大学生好似远离了温情的"家"，缺少了"解惑"的导师，没有了让灵魂净化和升华的净土，从而导致一种内心的空虚和无意义感。作为实践主体的大学生的存在是需要"家"的，大学生就像是大学的孩子，需要有人来管教，需要有人关心他们的心灵和情感需要。他们需要归属感，需要得到引领和帮助来解答他们的精神困惑，需要在最无助的时候有人来开启他们的人生智慧，需要在对自我、社会的认识和观念形成的最关键时候，大学能够起到应有的作用。他们希望大学能够坚定他们对理想和信念的向往和追求，坚定他们对人生的意义和价值的信心。然而，当这些美好的期待遭遇大学精神的弱化之时，他们感觉自己像"受了欺骗"而"一时间不知所措"，即便是所谓的"看透"，背后也是更多的落寞与无奈。"郁闷""空虚"等这些时尚的词成为大学生们的口头语。同时，大学生没有步入社会，对社会的接触和了解很有限，面对形形色色的社会现象和多元的社会价值观念，他们缺少独立判断的能力，往往容易困惑和迷惘。很多来自农村或者一般家庭的大学生来到大学之后，在城市环境中接触到的以及通过网络看到的诸多社会现象和社会现实，远远超出了他们原来生活的简单环境和家庭教育的范围，而他们的父母本身的文化和教育程度较低，不能够很好地与子女进行沟通和心灵的交流，加之在大学里没有人能够给这些大学生指导，他们在冲突的世界面前往往不知所措，价值观和人生观会发生冲突和混乱，自己又没有能力很好地进行整合，造成自我角色和身份的不统一，有的甚至造成了分裂、酿成了悲剧。

目前大学生成长的这个时代是我国社会发生转型和急剧变化的时代，时代的变迁带来了物质的极大丰富和满足，同时也带来了精神和思想的极度空乏，这些社会问题在大学生身上都有不同程度的体现。区别于之前时代的大学生，目前的大学生出生在和平与发展的年代，由于他们没有经历过父辈或祖辈促成社会变迁的社会运动，致使部分学生在对待"社会理想"的问题上，常常表现出冷漠，一些学生正在失去理想与信念。[1] 由此使得他们缺乏思想、信念等引导，使得他们在人生的关键阶段存在焦虑、迷茫等问题。大学生群体中大部分是独生子女，由于从小缺乏与兄弟姐妹的交流、互动，使得他们的个人中心主义极强，他们的内心滋生出孤独感，感情脆弱，在集体生活中手足无措，缺乏责任感，不懂得如何与人相处，出现了许多不适应的问题。高校扩招后，还有不少大学生来自农村或贫困家庭，作为弱势群体的他们，从农村场域到城市场域，他们出现了诸多的文化不适应问题，常常会出现自卑的心理或者潜在的反社会心理。由于我们国家的应试升学机制，使得大学生在进入大学之前在中小学经历过考试炼狱，都是佼佼者，但是进入大学以后对于如何学习、如何与人交往，对于可能遇到的挫折没有足够的心理准备，因此经不起失败，往往面对失败和挫折万念俱灰。在转型期，社会利益和财富的分配极不均衡，这使他们更关注自己的未来，把大学教育仅仅视作自己在社会中向上流动的阶梯，他们视学习成绩和在各种学生组织中担任的工作，以及优等生评选，甚至入党入团等作为功利目标来追求。[2] 高校越来越呈现出社会中的一些结构关系，功利化的目标追求对大学精神而言是极大的破坏。此外，社会中的欺诈、不诚信、打架斗殴等行为，以及娱乐化、消费主义等倾向，商业化运作或商业价值取向等深深影响着大学生的行为及价值观，他们变得越来越焦躁、功利，缺乏清晰的角色认同，自我认知混乱等。

---

[1] 王英杰. 大学危机：不容忽视的难题 [J]. 探索与争鸣，2005 (3)：36-37.
[2] 王英杰. 大学危机：不容忽视的难题 [J]. 探索与争鸣，2005 (3)：37.

我觉得，虽然我们不断在提出一个个理想的社会关系，但是我们提得越多，最后还是回到原点，不得不面对这样一个现实。另外就是从我自己接触到的不是很多的书籍当中，获得的，零散积累起来的东西。比如中国古典的，道家的一些思想。在最开始接触的时候，都会发现对生活很有用处啊，解不开的心结一下就豁然开朗了。但是过不了多久，就会觉得不是这样的。就拿大家的思想来说，有点自由主义，泛自由主义的那种感觉。对什么事情都没有价值认同和立场，这样混合起来，不断地强调，好像生活中每件事情都是人的自由，无可厚非似的。

当时很矛盾的，明明自己在情感上面是很不喜欢，但是理智上要求自己必须理解，必须放下，然后就越来越矛盾，而且情绪变得不是那么好。就感觉最终也没有达到理解的效果。

他们的自由还是背离了，还是要去理解它，实际上这种还是放不下。不过到后来渐渐地觉得还是，人如果要活着的话，就必须要有价值立场。如果所有的价值立场都没有的话，也就走向一片虚无，之后人存活不下去。不管程度有多大，在一定程度上都是要有一个确定的价值立场。那些感觉在信念体系上不被怀疑……

因为我之前接触很少，在以前我们的乡土社会里，或者封闭的高中校园里面，价值体系都是确定的，基本上没有人去怀疑。然后我们也就按照那样去做，包括当时我也是那种价值体系的忠实维护者。（LL同学访谈）

三、大学管理行为："惯习"缺位与认同危机

大学阶段，是一个人的人格形成的重要时期，是世界观、人生观、价值观趋向成熟和稳定的关键期，也是从高校走向社会的一个重要的过渡阶段。大学生是青年中文化素质较高的群体，他们的心理发展达到一定水平，具备了一定的独立思考问题、判断问题和解决问题的能力。随着认识能力的提高和自我意识的增强，他们越来越深入自身的角色和责任，对自我存在的价值和人生意义进行探索和思考。四年大学生活，是发现自我、确认自我、塑造

自我、走向自我的关键时期。进入大学之前，他们疲于应付学业和考试，还没来得及过多地去考虑自己的人生，进入大学后才开始真正考虑自我，探索自我。他们脱离先前的"保护"状态，走向一定意义上的自主。"但是我觉得我和我妈还有我姐的性格都是很像的，有时候我自己都觉得没有办法控制我自己，也会冲小孩儿发脾气，但是还是比他们要更控制一点儿。"家庭背景中习得的惯习对于不同阶层背景的大学生有着根深蒂固地影响。"我觉得，它最本质最根源的这个判断事物的标准和方式，还有来源于家庭。读大学可以改变人的思想认识，重组信息的模式，但是我觉得要改变人本质的观念已经很难了。"

但是对大学生来说，世界似乎是全新的，等待着他们去发现和征服，他们在巨大的社会变革和社会变迁中，迫切希望能够寻找人生的意义和未来发展的方向。社会的发展和变化的时代特征往往会在大学生身上刻下痕迹，因为他们是社会实践中的重要群体，他们也在不同程度地了解、参与社会实践。在场域间不断转换的过程中，大学生不断形塑自己，明晰自己，获得不同程度的存在感和意义感。

> 在家庭方面，外表外貌上我都很不自信，但我同学说我从大一到现在变了好多。我会非常在意我的外表，每次出门都会把自己打理整洁，有精神。我走在路上的时候总感觉有人看着我，感觉我自己还是挺有强迫症的，由于内心的自卑。走路很不自然，觉得人家在看着我。现在会走路自然点，内心会非常非常在意别人的看法。不管是对自己的外表还是所作所为都会很在乎别人的看法。我好朋友经常说不要在意别人的看法。所以说以前不参加比赛会想别人会怎样看我，没有完全投入到比赛当中去。这是一个最根本的原因，从小家庭教育的环境就告诉我，从小叔叔阿姨就不太待见我们家，从小家里就告诉我说，出门在外要察言观色，要看别人的脸色行事，做什么都是要注意的。现在特别在意环境的影响，别人的看法，是源于小时候的教育。小时候拿很多奖状，不是说我不开心吧，我觉得我最开心的时候，是把奖状拿给爸妈看的时候，他们很开心，就觉得我完成了一件任务。现在也是，我在同学面前不愿意提到我得了什么奖，觉得无所谓，但是特别愿意跟爸妈讲，我得了什么什么奖。觉得同学要是听见我这么讲，会觉得我变了一个人，怎么这么

功利啊，很世俗啊，这些事情。但是我跟我爸妈讲的话，只有这些才能让他们了解我现在是一个什么状态，还是积极向上的。(CX 同学访谈)

还是会放不开，因为从小都埋头学习。所以会很紧张，只有在熟悉的人面前才敢讲话。我大一的时候曾经试图改变性格，就想要锻炼自己，所以参加大概四五个社团。感觉自己收获挺大的，但性格还是很难改变的。想变外向，但已经很难了。可能我就不太爱说话，我一般都在认真专心做事。我会觉得这件事很重要，又不聪明，就会一扎进去就出不来了。这么多年的习惯已经养成了。感觉香港、福建那边的就不怎么爱学习。我们宿舍那个学霸，可能就跟我差不多不大爱说话，也是很认真做事的人，是山东省的，高考大省。感觉家里条件比较好的同学比较外向一点。就感觉整个人没有什么压力啊，比较开朗外向，不会那么认真，生活会更丰富一点。(GY 同学访谈)

然而，正如前文所述，目前大学的扩张使得大学规模日益扩大，学生越来越多。当学生数量达到一定程度的时候，大学在教育方面的问题就转化为管理的问题。为了实施有效管理，为了追求管理的效率和使得管理简单化、易操作，大学的管理一般采取科层制、大一统的方式，这种垂直式的、自上而下的分级管理对上负责的模式很难照顾到每个学生的社会背景，这种模式只追求科层内的职责，而没有顾全大局，统筹考虑，对学生没有区分，没有看到学生的差异等。对学生个体社会背景及成长经历的忽视，在场域范围内来讲就是对个体惯习的忽视。场域与惯习是一体的，忽视了个体的惯习，场域内想要达到的规则就难以实现。对大学生群体而言，这样的场域规则没有与个体自己的惯习相衔接，他们也难以接受，从而会产生不认同。

现在我们同学从大一开始，虽然不一定意识到，但就开始为了评优、奖学金甚至是保研、研究生考试来准备，包括参加社团活动，我想不仅仅是因为他们经常所说的要去锻炼一下，其实更多的就是一种从众和功利，就是因为所谓的师兄师姐说，你们要这样，多去走走，然后他们就多去走走。而我心里面想这些事情非常非常少。(LL 同学访谈)

第三章 入大学之场：场域转换与角色适应

与其他群体相比，大学生群体相对远离社会尘嚣，在被称为"象牙塔"的大学中以学习作为主要职业，他们缺乏真正意义上的社会实践和社会交往，只是在大学场域中作不同程度的社会参与。伴随教育的国家化和现代化的推进，大学与社会的联系更加密切和直接，大学的社会职责日益清晰，这对于还未经世事又充满理想的大学生来说，提出了新的挑战和要求，要求他们适应这种变化，形塑自己的能力，为日后毕业走向社会做更好的过渡。由于大学生所处环境和阶段的特殊性，在某种程度上来说，大学生个体在心理、社会角度上是不尽义务和责任的，也就是心理学家埃里克森所说的"延缓偿付期"，是青年学生暂时延迟确定自我身份和承担社会责任的特殊阶段。经济上主要靠父母支持，或者依靠学校和国家的资助维持，主要活动是对专业知识和技能的学习，对人生、社会和世界的探索还刚刚起步。然而，自我角色的确认和自我的定向是大学阶段的一个重要课题，处于多元价值观时代背景下的大学生，难免不受到"牵连"，变得躁动不安，不能安心学习；难以找到自己的奋斗目标，自我的价值感和意义感很低，容易陷入苦闷甚至绝望中。大量的学生个案和实证统计表明，自我的角色确认、认同危机是大部分大学生普遍存在的焦虑。

"入场"后的角色定位对大学生而言至关重要，这关涉着大学生的身份转变和场域适应。角色是个人在惯常的场景中所建构且认同的行为模式与认知态度。角色塑造着自我，同时也成就了自我。[1] 因为，进入大学之前，他们更多的是在高中场域中学习、积累和转化知识，实现升学的目标，主要精力和主要任务是围绕应试升学而来，除此几乎无他。三年的高中生涯更多的是积累考试资本，在这一过程中所生成的惯习也更多是学习的惯习，少有对自我的认识。进入大学后，他们首先应该意识到他们的身份发生了转变，从高中生转变为大学生。大学生的角色定位直接与大学相关，既然进入了大学，就说明已经具备了充当大学生这个社会角色的条件，那么就要思考"我是谁？什么是大学？我为什么要上大学？大学四年我有什么目标？"等形而上的问题。只有不断思考这些问题，建立自我与大学之间的内在关系，才有可能在大学这个场域中实现自我的确认和自我的定位，也就是开始对自己所要承担的社会角色

---

[1] 刘云杉. 学校生活社会学 [M]. 南京：南京师范大学出版社，2000：178.

进行反思和定位，脱离父母和教师的保护的襁褓开始自己独立思考。

个人认为，四年对我来讲改变挺大，首先生存能力的提升，大一给自己弄得脏乎乎的，吃饭不按时，挑食，家里父母管不了，自己就不太在乎，放假回去就被父母骂一顿，自己照顾不好自己。然后大学四年自己对自己的规划越来越好，从生活来讲，可以每天按时做事，比较稳定、健康地生活，与此同时，洗衣服、看病呀，自己能解决。如果不读大学，自己在家里应该不会有这么大的提升，父母在身边，就代办了。但是来到这儿，都只能自己解决，活下来的能力增强了。再比如，心智上，言谈上变成熟了，接触校园上的人越来越少，接触社会上的人越来越多，自己的行为、言谈更像社会上的一个人，然后是学习的能力，家里有父母督促，在这里靠自觉，而且很多东西老师讲完以后，你想六个学分的课，也就上六个小时，剩下那么多小时，你干什么呢，我记得当时刚转完系，学数学分析，当时听不懂，就去图书馆，45个版本的教材，就看一个知识点，就完全把自己获取知识的能力锻炼出来。（SX同学访谈）

我们寝室有一个非常爱说话的女生，各种问题都会拿出来跟大家讲，表达她的观点，然后引起其他人的讨论，可能我也是受她的影响，要是以前的话我很少跟人分享我看到的，在脑子里有疑惑，也不会从其他人那求证，可能是受他的影响。我的性格从大学开始与宿舍朋友接触，成为好朋友，受她影响特别大。她总是说你不要想太多，想说什么说什么，想做什么做什么，要解放天性，释放自己。比如我想参加什么，就会受到她的鼓励，就会所有顾虑都没有了，就会积极尝试那个事情。（CX同学访谈）

第三节 基于惯习的大学生角色适应场域转换

在角色确认和定位的基础上，有意识地进行角色扮演，实际上是自我角色确认、实践的过程，即按照角色要求行为规范去活动。认知和定位只是自我认同的第一步，关键是要有意识地去参与、实践，在参与、实践中再次实现自我确认，获得自我认同，这是更高层次的、基于实践的认同，这样的认同才能直抵内心。大学生的角色扮演要有角色参考或角色期望，即我要成为怎样的大学生，或社会对大学生有怎样的隐喻和期待。传统意义上，大学生被称为"天之骄子""时代精英"等带有褒义的称谓，这对于大学生自觉负起社会责任有一定的促进作用。但20世纪90年代末我国高校扩招后，使得高校资源严重短缺，难以提升教育质量，培养真正有效人才，一个突出的后果就是使得大学生就业困难增加。这使得社会公众颠覆了传统意义上"天之骄子""时代精英"等褒义称谓，出现了一些负面的角色嘲讽，如"种地不如老子、养猪不如嫂子"以及"本科生不如专科生，研究生不如本科生，博士生不如研究生"等。这些现实的角色嘲讽影响了大学生的角色扮演，使得他们对大学的期待以及对大学生的社会角色产生了迷茫、困惑、不知该如何是好等存在性焦虑问题。虽然教育部主管部门明确将大学生定位为普通劳动者，但是实际上人们尤其是家长出于长期形成的惯性对于大学生角色尤其是重点大学的精英角色意识还是根深蒂固的，即还是希望大学生要端正自己的角色定位，扮演社会精英，从社会要求的角度对自身知识结构、能力素养方面进行有意识地改造和准备。然而，目前大学这种完全以适应社会为导向的大学教育，并非适应于每个大学生个体。每个大学生个体都有基于自身成长经历的惯习和生活哲学，所以在角色扮演的过程中要有基于个体惯习的角色认知，也就是说，适合别人的角色期待并不一定适合自己，关键是自己要基于大学场域的要求找到适合自己惯习的角色认同。如果大学管理用一种统一的角色定位去"一刀切"所有的大学生群体，势必会造成不同程度的存在性焦虑。所以，问题的关键在于大学管理要基于学生个体的惯习，大学生个体也要在自己惯习的基础之上，按照大学场域的相关关系、结构等，调整、转换自己的惯习。在此基础上，大学管理尊重学生的惯习，学生认同场域规则并进行自我确认和角色扮演，最终形成个性化、多样化，带有主体痕迹和惯习的自我认同。

第四章

在大学之场：资本争夺与阶层固化

布迪厄更多采取微观的社会学视角，认为日常生活实践的行动者都可以成为资本的主体，任何一个日常生活实践的行动者都拥有资本，包括经济资本、文化资本、社会资本和象征资本，只是他们拥有的资本数量和质量上有差别。布迪厄"资本"的概念指的是行动者的社会实践工具，这种工具是行动者积累起来的劳动，它可以是物质化的（经济资本），可以是身体化的（社会资本、文化资本），也可以是符号化的。每种资本形式都有可传递性，不同资本形式之间还具有可转换性。在布迪厄看来，如果忽略了行动者的历史、社会的制约性，就不可能清晰地解释人类所有的实践活动。而"场域"是各种位置之间存在客观关系的网络，在场域当中，行动者根据自己的位置和所掌握的资本以及空间的规则进行游戏、斗争和争夺资源。同时，场域本身的存在及运作，必须依赖其中的各种资本的反复交换及竞争才得以维持。本章主要探讨大学生在各自场域中的位置以及主体对现实场域的转换与融合，观察大学生通过其持有资本的延续与传递参与惯习和场域的调适与冲突的砥砺过程。大学生"在场"时是如何积累、争夺和利用有价值资本的？资本的积累与争夺是如何影响大学场域中的阶层固化？各种形式的资本是如何造成大学生价值观混乱、自我认同危机、本体性安全缺失等存在性焦虑？

第一节 文化资本积累与价值观混乱

文化资本有三种存在状态：一是身体化状态，表现为行动者心智和肉体的相对稳定性倾向，是在行动者身体内长期和稳定地内在化的结果，成为一种具体的个性化的秉性和才能，并成为惯习的重要组成部分。比如：审美趣味、教养、气质等，这种文化资本的获得和传递要比经济资本的传递更为隐蔽和难以觉察。二是客观化状态，表现为文化商品（诸如图书、电脑之类）、有一定价值的油画、文物等，它们是理论的印迹或实现，可以通过客观物质媒介来传递。三是制度化的状态，指的是由合法化和正当化的制度所确认的、认可的各种资格，特别是高等教育机构所颁发的各种学衔、学位和教师资格文凭等。[1]迈进更高层次的学府，积累更多的"文化资本"，为以后从事更加理想和体面的工作，跻身于社会上层，过上更有尊严和体面的生活，这是最能通过个人自身努力而实现目标的路径之一。文化资本是大学生最有可能在后天努力获得的资本，所以文化资本的争夺也尤其激烈。

一、文化资本与"过度教育"的价值隐忧

在大学场域中，文化资本持有量的多少直接决定大学生在学习和社团活动中的竞争力。每当升入一个更高的学习阶段，尤其是升入大学时，每个学生都将面临更加强劲的竞争对手，很多优秀的学生来到大学变得"不优秀"了，会发现来自全国各地的同学都比自己优秀，所以，曾经的佼佼者、领导者、香饽饽在大学这个新的环境里未必是如此，不再那么轻松就能得到自己想到的"席位"了，需要自己的资本置换，对于大学生来说，这个资本最主要的依然是文化资本。文化资本是大学生进入大学四年的主要资本积累，尤其是离开大学场域进入社会场域后，所谓的"学历"或"文凭"将成为一种重要的象征资本，个体需借此展开与其他个体的竞逐。因此，大学生在大学四年中对于文化资本获取的急切心理会引发他们大学四年的努力"争夺"，这个过程中会伴随着竞争，也不可避免带来焦虑。毕竟，他们想在"离场"之时有优于别人的文化资本，这迫使他们去努力"争夺"。

> 我在进入大学之前没有当过班长，一直当团支书，还当过课代表和学习委员，自己和老师对我的学习要求都是非常严格的，我也想自己是学习委员和课代表，学习成绩得好，至少做课代表的那科

---

[1] 宫留记. 布迪厄社会实践理论[D]. 南京师范大学, 2007: 59-60.

成绩得非常突出。到了大学里，学习一直没有敢放下，因为自己要当班长还想做更多的事情，在大学学习成绩是评价我们的最重要标准，保研、评奖都得要看成绩的，后来评的"十佳大学生"更是要看成绩的，所以我的成绩一直都保持在前面。（XL 同学访谈）

通过持续不断的学习，让高等教育赋予的文化资本成为自身在班级场域和学校场域获得一席之地的竞争砝码。这类学生的家庭大致处于社会的弱势阶层，家庭先赋资本（主要是文化资本、经济资本和社会资本）已经处于劣势，出于改变自身命运的迫切需求，在学习上，一些来自农村的大学生在文化资本的竞争上从未松懈。而对于在文化资本、经济资本和社会资本中占优势地位的大学生来说，他们往往来自大中城市，独生子女。他们有着大方的谈吐，知识面广，视野比较开阔，对很多事情有自己的判断和分析，对于交往关系能够比较好地处理，对自己比较自信。在学校和集体中，能主动了解和熟悉规则，并有自己的立场。他们从小就通过家庭接触和了解了很多社会信息，可以看报看书，从父母那里潜移默化地得到很多社会和人际的"缄默知识"。家庭可以为他们的学习生活提供足够的支撑，也能为他们的未来发展创造一些条件。他们在未来道路的选择上有更多自由和空间，对未来的设计也更长远和高位，他们的家庭以及他们自身的定位和追求都更加远大。而这在无形中加重了来自农村贫困家庭学生对未来发展的焦虑。例如，访谈中的 J 同学父亲是高级工程师，母亲是公务员，北京人，独生子女，家庭有良好的文化资本以及经济资本，她从小就博览群书，知识面很广，谈吐和表达十分自如流畅，对很多事情有自己的见解。

我从小就喜欢历史和文学，看了很多书，父母老买那些大部头的书回来，尤其是历史方面的，我可能看了太多这方面的书，所以很喜欢思考社会、历史方面的问题，父母觉得看书挺好，也经常让我看。

我妈妈以前是教师，现在不是教师，我爸是电力工程师，他们也不是很人文，但是我们家的氛围倒是很人文。我爸是研究生，我妈是大学。刚 50 岁。我爸是工作后读的研究生。我很愿意和家长交流。父母和孩子共同成长是件挺好的事，而且父母沟通能力也不差，接受能力也不差。我妈现在都跟我看美剧，看《纸牌屋》呢。以前还看《唐顿庄园》。我比较愿意和父母沟通，有意识地和他们交流共同的话题。大一大二很多时候在忙学校的事，虽然我家在北京，但那时候不大爱回家，父母就很生气，家这么近你还不回家，家在北边，奥运村过去。但那时候还意识不到，到大三大四爱回家了，考托福、GRE压力很大，回家还挺好的。而且还不可避免地发现，父母老了，问的问题巨傻无比，思考事情都……所以我得做些什么带领他们成长。（J同学访谈）

根据布迪厄文化资本理论，来自不同文化背景出身的人继承了来自家庭的不同文化资本，对个人在学校和家庭的教育中有着累积的影响，父母的教育程度越高，个体所具有的文化资本越高。G同学的父亲是研究生学历，母亲是大学生，她从大一开始，就决定自己将来要出国深造，大学期间她明确自己的学习方向，确定了自己感兴趣的专业。并且很有规划，先在国外拿到硕士学位，工作几年后再回国，这样对以后的发展就会很有优势。而出国的费用就得几十万，这不是一般的家庭能够承担得起的。这在弱势阶层的大学生看来，是想都不敢想的事情。

来自农村的CX同学如是说：

> 我觉得有很多地方是不公平的，比如他们（家庭背景好的同学）可以通过一些关系很容易就找一份兼职或者得到一个机会，而我们只能靠自己去争取，经过激烈的竞争也不一定能够得到。（CX同学访谈）

虽然不同家庭文化资本存在的差异性，会影响他们在大学场域中的争夺与竞争。但是，大学场域中文化资本积累的重要性毋庸置疑。伴随大学教育质量的下降、大学生就业难以及社会观念的影响等，大学生对文化资本积累的价值判断更加厉害，同时也愈加无奈，出现了所谓的"过度教育"。大学建立之初是以传播知识和研究高深学问为目的的，后来大学在现代化发展过程中，慢慢演变成了现在的三大功能，教学、科研和社会服务，但不论如何，人才培养始终是大学的根本所在，也是最基本和重要的职能所在。而大学质量的普遍下降，让大学生感到自己付出了那么多时间成本和精力，却学不到什么东西，而一般的家庭在这个过程中也投入了大量的经济资本，最后发现得不到相应的收益和回报。从而，让很多大学生对学校的认同度降低，对自己的将来和就业感到迷茫，没有方向。走向社会时，发现社会所要求的和自己在学校所学的完全不一样，更加加重了对自我的否定和对未来的不确定，尤其对于寒门学子和普通大学生而言，这将会使他们对"知识改变命运"的信念产生质疑和否定。大学毕业生的高人力资本来自社会、家庭、个人的长期人力资本投资，如果他们不能就业不仅意味着人力资本投资的损失，更为严重的是这些大学生知识分子群体的长期失业风险所带来的后果。一方面容易造成人们普遍地对高等教育的抱怨和对高等教育失去信心，不利于高校发展；另一方面，也造成了社会资源的巨大浪费，一个人从幼儿园到大学，每个人最起码要接受15~16年的教育，大学生就业问题会直接影响教育的投入和产出之间的关系。此外，大学生就业问题已经成为一个社会关注度极高的民生问题，如果解决不好还可能引发社会矛盾和社会动荡。

为了避开就业的高峰期或者暂时逃避就业的压力，很多大学生选择继续深造读研读博。坊间有人戏称"现在的研究生相当于以前的高中生，现在的博士相当于以前的大学生"，这个说法似乎已经得到了人们的公认，其中便形象地反映了现在高等教育质量的下降以及学历的贬值。也正是因为这样，加上社会对"高学历"的盲目消费，造成了越来越多的人在进行着"过度教育"，即不得不在教育的道路上无限度地投入自己的青春和时间，只是为了能够争取获得一份体面的工作，而非为了进行高深学问的研究和对知识本身的追求，这其实已经背离了高等教育的初衷。过度教育是基于场域转化与适应而在教育场域内采取的一种实践策略，即在高校扩招、质量不高的背景下，为更好地适应社会场域的游戏规则，获取良好的位置感，不得不在高校场域内积累教育资本。高校场域里的"过度教育"正在转化为一种文化资本，以便更好地进入社会场域。过度教育使得大学生产生许多社会不适和焦虑感，如担心过度教育后是否能获得一份体面的工作，计算投入、成本，为过度教育是否值得而焦虑，对于知识学习和学问研究的意义产生怀疑，在工具理性和价值理性面前徘徊不前、犹豫不决。

二、文化资本与"读书无用"的价值迷茫

如果说文化资本积累是大学生个体自身在大学场域中通过积累与争夺获

得未来走上社会的"通行证"的话,那么文化资本转换则是大学生的家庭资本转换为大学生个体的文化资本。换言之,大学生在大学场域中的文化资本争夺深受其家庭的影响,家庭资本的代际传递是大学生在大学场域中文化资本争夺的重要因素。因此,我们越来越感觉到,大学生现在越来越流行"官二代""富二代"了,这似乎已经成了人们的共识,代际传递的传承模式越来越明显,生活在底层的人改变命运的渠道越来越窄,他们向上流动的难度越来越大。"现在是一个拼爹时代",很多年轻人常这样说,"恨爹不成钢"也是他们挂在嘴边的一句"名言"。也就是说,一个人的命运和前途,靠的是"爹",而不是个人奋斗和努力。很多大学生因为自感卑微和无奈,看不到人生的希望,对学习和进取失去信心,只好在自己的世界里"娱乐至死"。据报道,2009年全国高考弃考人数达84万,纵然原因不止一个,但其中不少人认为读书无用。北京大学潘维做过调查,北大农村学生的比例从20世纪50年代的70%降到如今的1%,这个数字有力地说明现在"拼爹"的严重。[1]

  2011年高考结束,大学录取率达到72.3%,创历史最高纪录,如此高的录取率本应该让高考的关注度下降。然而,人们依然对高考充满着浓浓的焦虑。而与此同时高考弃考人数越来越多,生源危机越来越明显。这看似矛盾的两个现象同时发生,其背后的原因何在呢?我们可以从两方面来理解,一是我国大学录取分为一本、二本、三本、高职高专类,按照大学的高低层次来进行先后排序。现在的"高考独木桥"实际上变成了"名校独木桥"。1999年高校扩招时,一个重要理由就是希望通过扩大高等教育的规模打破高考独木桥的拥挤。但是十余年过去了,高校在校生人数已达3000万,高等教育毛入学率达26.2%,远远超过了15%的大众化国际标准。但是人们对高考的关注度却有增无减,有过之而无不及。一个有目共睹的事实是,不管高等教育多么发达,名校毕竟是少数,我国当下一本率为10%,二本率为30%,远低于72.3%的录取率。另一方面就是,大学的层次和地位高低与就业制度挂钩。"学历社会"虽然被呼吁多次要打破,但在实际中却依旧牢固,甚至变本加厉,现在很多单位在招聘时明确要"985",甚至要求本科、研究生、博士阶段均为"211""985"重点大学毕业,更加加剧了文凭的贬值与"学历社会"的存在。

---

[1] 胡丽英."门"后的潜规则[M].北京:企业管理出版社,2011:176.

由布迪厄的象征资本理论来看，学校颁发的证书是它所承诺的事业成功的必要条件，但仅有这个条件是不够的。事实上，只有那些既继承了财产，又继承了关系的人，即那些家庭资本、社会资本雄厚的人们才真正能够达到事业的成功。而在"文凭社会"的今天，大学生们往往只有一纸文凭，在就业竞争场上难以发挥真正的竞争力。大学生越来越多，文凭贬值的时候，拼的就是背景和关系，而现在的青年普遍的价值观是对知识和努力奋斗已经失去信任，缺乏社会责任感，一般的青年只能沉重地为生活和生计而拼搏，优势地位的家庭富二代、官二代现象对社会带来了诸多不良影响。很多有钱有权的子女高中就开始出国读书。一些优秀人才也努力寻求去国外深造，对国内的高等教育失去信心。很多高中毕业的学生及其家庭，认为读大学不如先学一门技术谋生来得实在，既然大学毕业也找不到工作，那在大学获取文化资本的回收效益就太低，寒窗苦读十几年获取的文化资本到最后还是难以转化为足以生活的经济资本，所以让"读书无用论"的声音越来越强烈，尤其是在就业市场激烈竞争、高校扩招后大学生人数剧增、大学所学专业与社会就业岗位难以匹配的社会背景下，大学生对自我前途和对未来生活的焦虑更是加剧。

那些来自偏远农村的贫困大学生，他们的存在性焦虑更为明显。他们的家庭处于社会的最底层，几乎不占有什么社会资源，父母很可能大字不识，过着面朝黄土背朝天的生活。如果遇上父母或家人身体不好或生病的，很可能瞬间变得负债累累，家徒四壁。对于这部分学生来说，能考上大学尤其是重点大学，在当地很可能一下子成为家喻户晓的新闻，成为左邻右舍励志的典型，因为对于他们来说实在太不容易了。家庭条件艰苦，学习环境恶劣，既没有经济支撑，也没有文化熏陶，如非没有坚强的毅力和决心几乎是不可能的。考上大学后，如果不享受免费或者助学金和国家贷款的支持，即使拿到录取通知书也交不起大学的学费。对于这样的大学生来说，他们是内心最脆弱的群体。他们从朴实的农村来到城市或大都市生活，内心的淳朴和真诚在城市的快节奏及相对冷漠的环境中变得很不适应，从小就有强烈的自尊心，加上缺乏与父母的沟通和交流，孤独的内心感受在同辈交往中更显凸显。他们家境贫穷，但是自尊心强烈，内心也很敏感而且最是迷惘。他们在人际交往中，往往想与人靠近但是又害怕被同学看不起伤害自尊心，对于他人的帮助和善意，他们既感激也防备，总是在纠结和痛苦中徘徊。而关于将来，他们最是感到无助和焦虑，最是不知道何去何从。在他们的成长环境里，从来都没有什么外在的社会支持，与父母又没有心灵的沟通，一遇到困难唯一可以依靠的就是自己，在他们的心里也从来不觉得可以获得什么样的帮助。大学毕业如果要继续学业，意味着自己和家庭要继续背负更多的贷款或债务。几年在大学的生活可能让他们适应了城市的生活，但是要在这里落脚生根很可能会成为城市中的"蚁族"和边缘人，而回到他们来自的那个农村，他们什么也做不了，做不了农活，种不了庄稼，没有任何意义，很可能还要面对家乡人异样的眼光。因此，他们只能选择漂泊在城市，他们的"不放弃"多半不是因为希望而只是无奈和别无选择。随着高等教育扩招，大学生持有一纸文凭在就业力市场上已难以拥有绝对竞争力，尤其是对那些没有社会背景和社会关系的普通大学生家庭来说，"文凭"的象征资本已难以保障大学生有更大概率获得具有竞争力的社会就业岗位。这是大学生在今天这个"文凭失灵"的就业环境下存在性焦虑越来越强烈的原因之一。

如果说过度教育是为未来获得进入社会场域积累资本的话，那么"读书无用"是基于未来社会需求与大学场域的教育质量而产生的对教育资本有用性的怀疑。在教育实践中，教师和学生永远都是重要的主体，教师的"教"和学生的"学"是教学过程中最为基本也是最为重要的环节。教师的教学质量和学生的学习效果可以说直接决定着教育的成败，当前这是大学教育中的突出矛盾。很多大学生对于大学课程的学习和考试仍然和高中一样，靠考前死记硬背突击应付。清华大学教授刘西拉曾经在两所著名大学进行了一次教学质量调查，结果显示有近八成学生对大学教育不满意。根据这项调查，从学生对整个教学环节的满意程度来看，认为"很满意"和"满意"的学生只有5%，认为"很满意"和"满意"的学生达53%，感到学习负担"比较重"和"很重"的学生占66%；认为在苦读几年后，"能学到一点点"和"根本学不到"有用东西的学生占79%。❶可见，当前大学教育让大学生感到学习负担重却又觉得没有什么收获。从很多网上论坛和帖子中也可以发现，大学生普遍都认为，在大学学到的绝大部分东西在步入社会后基本上没有什么用武之地，受到的能力训练远远不够。有的对课程设置不满意，有的对教学水平不满意，有的对教材不满意等。究其原因，主要是高校场域对于社会场域的变化不敏感，滞后于社会变化对人才的需求。高校场域过于闭塞，自我中

---

❶ 赵红霞. 大学危机管理 [M]. 北京：轻工业出版社，2010：20.

心倾向严重,教师更多关注自己的学科和科研项目,对学生的关心停留在知识传授上,对社会需要的人才要求缺乏敏感性;大学场域中以"教"为主,忽视学生的"学",更忽视学生所"学"的实用性;大学教育有着严重的惰性,教学手段仍以传统的课堂教授为主,学生仍以上课记笔记,下课对笔记,考前背笔记为主,很少走出校园,走进社会,由此造成所培养的人才无论质量还是类型都与社会差距很大,难以适应社会。❶曾经一句"知识改变命运"是多少大学生厮杀高考的动力,但是现在也已经远远失去了原有的意义了。大学生用前18年换来的大学到最后只是一纸文凭,而在"文凭社会"的今天,大学生却又不得不如此。拿到一纸文凭却发现学非所用,四年时间中学的知识几乎是以后根本不需要的东西。很多青年大学生在大学里堕落了几年后,面临的是毕业即失业的境况。中国虽有如此数量庞大的大学生,但是却缺少"独立思考的知识分子",大学里的老师也是如此。这无形中加剧了大学生未来走向社会的隐忧,读书到底有用无用?他们该何去何从?似乎没有人能告诉他们答案。

  基本上我们都属于工薪阶层,家长都寄希望于孩子能通过学习走出来,通过高考能改变命运。当地做生意的都不会去想好好读书,我们当地人可能还觉得成绩好的出来混的不如成绩差的,成绩好的都是给成绩差的打工。我跟爸爸讲,爸爸会说你不要听他们乱讲。但我后来会觉得还是有一些道理的,你死读书将来什么都不知道自然是要给人家打工的。感觉有点脑体倒挂,就是不读书反而越发达,越读书反而……就越读越穷的感觉。也算有点悲观的想法,但那种劲儿过了以后,还认为是不同的追求。(GY同学访谈)

第二节 经济资本竞争与自我认同危机

  经济资本,在本部分主要是指影响大学生生存、生活以及交际方面的物质因素,例如,大学生的家庭条件,大学里的学费、生活费、通信费和社交

---

❶ 王处辉. 高等教育社会学 [M]. 北京:高等教育出版社,2009:551.

费用等。因为这些物质因素都会影响到大学生对自己的规划、惯习和行为策略的选择，以及人际交往的策略等。经济资本，被视为本场"游戏"的筹码，对其占有度将直接决定着占有者对个人发展和所钟爱事业的投入程度。❶ 所占有的经济资本不同，大学生各种角色转换的时间成本也会不同，由此造成对自我所在阶层的认同与其他阶层的不认同。在经济方面比较充裕的学生，可以把更多的时间投入学生活动中去，有更多的机会做更有利于未来资本积累的工作。相反，那些经济条件较差的大学生，就要把更多的时间投入做兼职赚取生活费中，对有助于未来资本积累方面的工作投入的时间肯定少很多，从而丧失很多机会。

一、经济资本的分化与阶层的认同危机

近年来，随着不同社会成员间的经济收入差距加大，社会阶层分化日益明显，贫富差异客观上已经把同龄大学生镶嵌在了不同的阶层上，而这种经济资本上的差异和分层也导致他们不同的价值取向、行为方式和性格特征。首先，从日常消费来看，贫困学生每月的生活费往往仅三五百甚至更少，即便这点花销还要靠到处打工，而对于来自富裕家庭的孩子来说，这点钱还不够他们交话费的。其次，经济状况的贫困使他们生活习惯异于普通学生，日常生活中精打细算，节衣缩食，不愿与不敢和同学一起消费，形成独来独往的行为习惯。最后，心理上他们有强烈的自卑感，导致他们对外界评价比较敏感，自尊心脆弱而容易受到伤害，他们对家庭好的同学往往敌视，既羡慕又不满，既鄙夷又向往，心态极为复杂。他们在生活、心理和学业上都承受着较大的压力，他们急于改变自己的生活状况，希望在生活经济上独立，能反哺自己的家庭。贫困大学生是高校的弱势群体，先天家庭经济资本的孱弱对他们造成的方方面面的影响，是这一大学生群体产生存在性焦虑的原因之一。

首先，家庭经济资本的分化影响入学机会，使得不同阶层间产生认同危机。高校扩招后实行收费制改革，越来越高的教育经费让大学生望洋兴叹，大学的学费一年至少也要 4000 以上，再加上生活费和日常花销，一年下来保

---

❶ 宫留记. 布迪厄的社会实践理论 [J]. 理论探讨，2008（6）：60.

守估计可能要上万元。而很多普通农民或者失业家庭收入微薄，要承担一个大学生的开销通常是无能为力的。因此每年都有人因贫困而放弃上大学。即使随着国家陆续实施了助学贷款、助学金等一系列帮扶政策，在一定程度上缓解或减轻了他们大学学费上的负担，但是生活费以及因他们上学而不能劳动所丧失的隐形机会成本仍然要由他们个人来承担。因此，有些家长为了子女上学不惜举家借贷，更加剧了家庭的贫困。如此的恶性循环，让他们在生活、心理和学业上都承受着较大的压力，他们迫切地希望通过更高层次的教育来改变自身以及家庭的状况。而接受大学教育，几乎又是他们改变命运的唯一可能和正当的途径。所以，作为家庭经济资本先天匮乏的这一群体，对先天家庭经济资本较好的家庭产生羡慕、嫉妒，进而不认同他们的行为惯习，更有甚者产生矛盾冲突。

> 去年一年感受很深刻，要实习，天天上班下班，就离学生时代有点远，我就发现其实生活就是琐碎的，每个人真的是很苦，疲劳到无喜怒。真的是众生皆苦。可能消磨你斗志的，就是这种冗长乏味的日子。你的梦想是不真实的，这些每天经历的事情才是真实的。内心有冲突、怀疑、不解、绝望，就觉得忽然间没啥盼头了，你自己将来是不是也会这样的。人的概念太虚无缥缈了，不是活生生的个体。除非我旅游过的地方，很多地方我都有错觉，这个地方真的住着人么，他们也跟你一样，有自己的生活。每个人都是在一个位置上，你今天觉得你高兴了，你难过了，但是她也是有同样的真实感受。一个政策就能影响到每个人。我对择校问题很感兴趣，我做财政学作业，我去访谈一个初中时候的老师，培养一个孩子要多钱，她的女儿6岁，花了快15万了，上初中之前要50万的，还不包括择校费，大学反而算下来最便宜。这种家长怎么活，这是社会问题。择校也是社会问题。什么是公平，我根本下不出一个定义。（J同学访谈）

> 他们所拥有的资源更多。有更好的家庭背景，接触更多的人，视野更开阔一些，他们接触到这些以后，路可能就走得更轻松更容易一些。可以放开脚步在自己选定的路上走。而且不用担心走不下去会怎样。毕竟有回转的余力，家里可以帮忙。所以我关注的一些

事情就是他们看起来根本没必要的小事。或者说这个人太狭隘了，小民意识。这是我的感觉，这是别人不可能说出来的。(J同学访谈)

其次，家庭经济资本的分化影响不同阶层群体的专业及就业选择。因为不同学校、不同专业所需的成本和机会各有不同，所以在专业选择上，贫富不同家庭的选择倾向性也不一样。对于那些热门但费用高的专业，不少贫困家庭的大学生即使喜欢也不会报考，因为他们的家庭承担不起，他们主要考虑的是有学上，以便减轻家庭负担。毕业时，他们往往囿于家庭条件限制而只能放弃继续深造，更偏向于选择工作从而为家庭提供经济资助。而随着社会竞争的日益激烈，往往优势岗位和部门的门槛越来越高，成为阻碍社会流动的障碍，贫困大学生因为经济原因，更多地早早结束学业进入社会，在专业选择上也集中在冷门专业领域，这就一步步决定他们不能进入优势的职业行列当中，这又进一步复制了贫困地位。因为一定资源的占有总是和相应的职位对应的。所以，在社会那些重要的岗位中占有地位的寒门学子越来越少。

> 比如以后去哪儿就是很大的一个困境。以后去哪工作、做什么行业都是未知。地点方面我会觉得北京人才济济，回家又都靠关系，哪里是我的容身之处。行业方面原来想去事业单位，现在又觉得那么不公平，但是又不知道外企适不适合我的性格。(GY同学访谈)
>
> 因为从小生活教育我，我父母也认为人一定要自己努力，那个时候对于社会公平的观念特狭隘，总是觉得失败了说明你自己不够努力，从小我很大程度上是受这种价值观的影响。你不努力，你怎么还想要什么公平啊，怎么可能啊，后来我发现不是这样的，就是说有的时候你再努力，你也只能在你的社会阶层里挣扎，你很难跨越。(J同学访谈)

最后，家庭经济资本的分化影响不同阶层群体的学习表现和生活状态。贫困大学生由于在基础教育阶段所受的教育条件和质量无法与城市或经济条件好的同学相比，面对大学的课程和学习方式，他们更加难以适应，学习上的压力会更大。对于大学的环境和城市生活，他们显得有些格格不入，在与其他同学的交往中容易敏感和自卑，对于来自城市大学生的商业化和功利化的生活和行为方式，他们难以接受或者认同，久而久之，会形成独来独往的行为方式，内心孤独又找不到人倾诉。这种差距在大学入学时就很明显，家庭富裕的学生从小在优越的条件下长大，吃的、用的都是好的甚至追求名牌，在家里不需要做家务事，生活常常以自我为中心，独立自理能力较差。每年的大学新生军训中发现有些大学生不会叠被子、不会洗衣服，有些过惯了"饭来张口，衣来伸手"的学生连带壳的鸡蛋都不知道怎么吃（一位辅导员语）。相比之下，来自贫困家庭的"穷人的孩子早当家"的大学生从小就养成了独立生活的能力，对那些娇惯的优越家庭的学生，他们在内心里可能是鄙视的和不满的。因为经济上的原因，他们往往避免和同学的聚餐和集体聚会等活动，课余时间也会找机会去勤工俭学，而不能像经济条件好的同学一样可以放松和休闲娱乐。久而久之，贫富不同的大学生之间在很多生活细节便有了不同的表现，并且慢慢地深入日常交往当中形成心理上的距离。

> 我不会那么肆无忌惮、无忧无虑。随时潜在的不安全感可能自己都没感觉到，但还是会有不同吧。前一段和初中同学聊天，她说我和另一个家里比较有钱的孩子看起来就明显不一样。我可能不那么有朝气吧，可能随时还是会有一些影响吧。很简单地说，比如我的好朋友她家里条件比较好，她就每天嘻嘻哈哈的，成绩不是很好也不大在意。可能我就会为了我的一个课、一个考试、一个报告，身上老有一些使命感和责任感，我就老得沉浸进去，为这些事情负责，可能就没法那么朝气蓬勃。而且我从小到大这样习惯了，我一直都不是那种你只用活得开心、不用在意各种成绩的孩子。从小都被教育说，你必须要努力，你只有努力才能成功。所以就一直在疲于奔命、马不停蹄做各种事情。高中我也没有发现，后来我才慢慢发现。比如我朋友可能考试之前都还在玩，我就不可以。比如她可能就不怎么把考研放在心上，我就非常重视。我要想找到一个好的工作我就得读研，要想读研我就必须考好，考个好大学。我就老有这种压力。因为我不能靠父母啊，父母没有那么多钱给我。我必须要靠自己努力，所以我就没有那么多精力去玩、去嘻嘻笑。可能自己都意识不到，但就前两天，我们一起聊天的时候，有人说你们俩虽然是好朋友，但性格完全是两个极端。我自己才发现，好像确实是这样。我对待一个考试就会特别紧张、特别认真，因为这关乎我

的前途。可我那个好朋友，她毕业以后父母就会给买房买车，她什么都不用担心，所以再重要的考试她也就那样，不会下太大功夫。前一段我还跟我同学开玩笑说，如果再给我一次选择的机会我一定当一次差生。至少可以快乐一点，有的时候真的很努力、很累，但是还是对未来没有信心。还不如当一个差生。不过这只是有的时候。但是当努力收到了回报，比如取得了好成绩、保上了研，还是会觉得是值得的。有的时候受到什么刺激，就会觉得心里不舒服。但当取得回报，还是会觉得这样也挺好的。(GY 同学访谈)

二、经济资本的差异与人际交往危机

任何一个行动者在场域中的位置都会影响他与周围个体的关系，大学生是从全国各地聚集到同一个学校，同一个班级，甚至同一个宿舍，由于他们在语言、地域风俗、生活习惯、家庭背景及兴趣爱好等诸多方面存有差异，他们在人际交往过程中难免会有矛盾与冲突。例如，有些同学拥有自己的笔记本电脑或手机等，在已经熄灯休息的情况下，继续上网聊天、玩手机发短信、打游戏等，严重影响了其他同学休息，而那些同学由于经济上的弱势，或出于自卑不好意思对同学提出异议，都闷在自己心里。由此导致宿舍同学之间出现背后抱怨，甚至"冷战"，致使宿舍里人际关系紧张，长此以往会影响学生的心理状态，引起焦虑。导致大学生出现人际关系紧张的主观因素则主要为学生个体的自我意识不够成熟，不能对自我进行客观、正确的评价。从大学生的总体年龄来看，相当大部分的学生已经成年，他们在与人交往的过程中，能独立的思考，有着自己独特的追求及与人交往的方法、原则等，他们希望得到别人的理解与尊重，希望跟他人建立和谐的人际关系，并得到同学与老师的认可，获得特定的成就。但是大学生也具有不成熟的一面，主要表现为经常以自我为中心，更注重自我的感受而对周围环境的反应视而不见；在自我和环境发生冲突时，无法对自我正确评价，缺少人际交往的经验与方法，无法有效正确解决这类矛盾，更容易责怪、埋怨别人，甚至出现仇恨、报复的心理，导致人际关系越发的紧张。

从比较好的家庭出来的孩子，会比较娇气，自我中心，不太考虑他人的想法，我不太习惯这一点。有时候会想，你不理解我这个样子，因为你在那样的环境下长大，比如我买一个东西会犹豫半天，要不要买。我一个同学就告诉我，你就买呗，我妈告诉我出来不要考虑钱的问题，喜欢就买呗。我心里想我爸妈不会这样跟我讲的，我会觉得还是要勤俭为主。生活态度、习惯不一样，比如说吃饭时等，心理会有一点落差。

穿着比较好，经常换。寝室楼下有车来送，比较有钱，经常有机会出国，出国旅游。有的是自费出国短期游学，想我是8月刚从日本回来，有一个机会短期交流学习，现在还觉得是梦一场，因为是可以报销，是学部和日本北海道大学有一个项目，报销机票等费用。（CX同学访谈）

打交道时，慢慢发现有的同学会精打细算过日子，有的大手大脚。还有就是精神状态也不一样，有的比较拼命，拼搏，劳累，辛苦地找兼职，为未来播种。有的会悠然自在。条件不好的可能就会考虑到未来买房买车的压力，或者家里有人生病了，就会承担这些方面的压力。比如条件好的学生，一毕业父母就可以买车买房，整天就可以吃喝玩乐了。他想的可能就这些，每天想的事情就不一样了。（GY同学访谈）

人各有志，从大二的时候开始，大家的兴趣越来越不同，关注的点越来越不同，很多时候关注的不是另外的人在关注什么，更多的是我自己想要什么，是想要出国，想要保研考研，想要在社团里混个什么位置，或者是我自己想要怎么娱乐我自己，一天怎么玩，打多少游戏之类的。但是我比较欣慰的是，大概从大二下学期开始，我也找到一个自己的小团体，我们还经常一起交流心得和思想。（LL同学访谈）

持有强大经济资本的大学生存在性焦虑不那么明显。但对于来自农村、处于底层的大学生而言，他们来到大学校园中，通过对社会更多的了解，通过和身边同学的接触以及对比后，越来越意识到自身各方面的弱势地位，感到自己在很多方面不如家里条件好的同学，从而产生自卑心理。他们意识到家庭在经济资本、文化资本和社会资本方面都不能为自己提供太多支持和帮助,平时与父母交流沟通也不多,交流的内容主要限于吃饱、穿暖的层面,他们的内心更加感到孤独。这类学生往往在人际交往中也因不自信而存在问题。对于将来,他们没有太多想法,只希望能够有一份工作,能够帮家里分担一些或者不让自己给父母增加过多负担。如果他们想要继续发展和深造,经济资本是他们考虑的一个重要因素或者限制条件,至于更长远的发展和更广阔的视野,他们考虑不到也无力去考虑,因为他们的家庭不能提供这些条件,他们也不具备这方面的社会资本和资源来拓展自身的发展。曼海姆曾说,一个人看问题的方式是由他所处的社会位置和社会境况决定的,这一点在大学生群体中体现得淋漓尽致。个体在社会结构中所处的位置决定了个体看待和理解周边发生事情时所戴的"眼镜",凭此来解释世界。对于社会个体而言,从横向来看,总是处于一定的阶层和群体,占据一定的社会位置。从纵向来看,个体总是处于一定的历史阶段和历史时期,这都是我们不能选择的。对于大学生来说,家庭出身和背景往往是他们不能选择的,大学生个体是被没有选择地嵌入社会结构中的某个位置。对于一个只能考虑生存问题的个体来说,他是没有时间和余力去发挥他的社会价值和考虑自身的社会责任的,也更倾向于对社会有不满和负面情绪。访谈中,CX 和 LL 两位来自农村、处于社会弱势的同学说道:

> 我觉得腐败啊,不公平啊,似乎是很难改变的,也习惯了……其实我有时候挺仇富的,觉得很不公平。我知道自己家里没有什么背景,因为家庭不好的原因我心里很自卑,所以在学校参加了很多活动和比赛,觉得这样自己比较开心,也让自己觉得有自信一些,每次告诉家里父母我又得了一个什么什么奖,他们就很开心……(CX 同学访谈)

> 我可能受家庭的影响比较多,思维方式和处理问题的方式跟父母很像,在我看来是问题的事情他们觉得没什么,可能我也有点儿小农意识吧。而且有时候有矛盾了,我很容易发脾气或者冷战,不说话,后来回家仔细观察父母,发现他们处理问题的方式也是这样的。(LL 同学访谈)

第三节 社会资本获得与本体性安全缺失

社会资本的研究始于社会关系网络，主要是指通过社会关系网积聚起来的资源总和。社会网络分析的中心概念社会资本与本书所关心的问题存在很大程度的交叉，在某种情况下，经常把社会关系作为社会资本。❶科尔曼（Coleman）认为，社会资本主要存在于人际关系网络结构之中，表现为义务与期望、信息网络、规范与社会组织等。本部分将着重探讨作为社会资本的社会关系对大学生入场和入席的影响。谈到社会关系，不得不提到费孝通先生提出的"差序格局"❷，主要意思是我们的社会关系如同一块石头抛入水中所引起的一圈一圈向外扩散的波纹，我们每个人都是这个圈子的中心，波纹所推及的范围就是社会关系所到之处。我们从小就耳濡目染地注重社会关系的维系，逐渐成为水中的一圈波纹。社会资本理论启示我们，通过人与人之间的关系网络，个体不仅能够获得充分的安全感与信任感，更能够支配这些社会关系获取其他的社会资源。换言之，社会资本是个体本体性安全的重要保障。

一、社会资本的扩展与本体性安全的建立

学校是社会关系的一个汇合点。学校里产生的一些重要社会关系包括教师与学生的关系、教师与教师的关系、学生与学生的关系、学校同所在社会之间的关系等。❸关系是人们获取利益的一种手段，或者可以说，关系是一种配置资源的手段。有很多大学生在进入大学之前，都曾有过被社会关系"关照"的经历或者在大学之前就初步地意识到了社会关系在个体发展中的重要性。访谈中有学生告诉笔者，自己没有当上班长，没有被选上党员，主要的原因都是自己没有足够的社会资本，或者是说"关系"。这些同学大学之前因

---

❶ 庄西真.学校行为的逻辑——关系网络中的学校［D］.南京：南京师范大学，2005：12-14.
❷ 费孝通.乡土中国生育制度［M］.北京：北京大学出版社，1998：24.
❸ 庄西真.学校行为的逻辑——关系网络中的学校［D］.南京：南京师范大学，2005：9.

为社会资本稀缺而受挫，所以入大学后非常重视社会资本的积累和社会关系的扩展。

> 我是个比较幸运的人，感觉走到哪里都有贵人相助，别的不说了，上了北师大，见到的第一位老师是我的班主任，巧合的是，她是我们吉林老乡，还是同一个市的，我爸爸认识的一位北师大老师和她关系也挺好的，开学前就在一起吃过饭，开学后，班主任老师就比较照顾我，开学典礼上推举我作为新生代表发言，给老师和同学留下了深刻的印象，我也顺理成章成为班干部，后来逐步成为学生会的主要负责人。（YY同学访谈）

> 凭关系嘛，肯定这个社会就是，找工作就是，如果你有关系肯定先用关系，没关系的就凭自己了，如果有关系不用全凭自己的很少，当然你自己特别强的话没问题，但是你在小地方的话肯定各种人事呀，反正比较腐败的那种。（ZS同学访谈）

这位同学将自己入席的社会资本归结于她的班主任是她的"老乡"。老乡即同乡，是指和自己在同一个地方出生或者长大的人，"老乡"的范围并不固定，可大可小，比如，在市里，同一县的人算作老乡，在省里，同一市的人算作老乡，在其他省市，同一省的人算作老乡。"老乡"在我们国家是个特殊的社会关系，一句"老乡"就拉近了疏远的生活中和茫茫人海中情感的距离，是费孝通先生所讲的"差序格局"中的一圈。我们大部分人都有"老乡"情结，俗语中的"老乡见老乡，两眼泪汪汪"就是最好的例证，这种情结同样是重要的社会资本，使其在同等条件下具有很大优势。有了这些社会资本对处于场域边缘上的人可能是"雪中送炭"，对已经入场的人就是"锦上添花"。人们的关系是一个随着主观努力而不断延伸的过程。大学生进入大学场域后，他们都会充分利用自身所占有的各种资本，包括文化资本、经济资本和社会资本，继续扩大自己的圈子，延伸自己的关系，继续积累自己的社会资本，使其为自己加固和提升在场域中的位置。

社会资本的扩展过程也是个体本体性安全建立的过程。在吉登斯看来，本体性安全的建立首先来源于婴幼儿时期的基本信任，继而在个体成长过程中，通过建立生活的惯例和习惯来维护和加固基本信任，然后通过不断地反思和监控，在与他们互动和社会实践的基础上维系本体性安全。从中我们知道，基于惯例、习俗、个体经验等的惯习对于本体性安全是至关重要的保护壳。通过惯习，个人得以建立起生活的连续性和可靠性的感受，而不是感到自己像浮萍一样漂泊。受加芬克尔常人方法学的影响，吉登斯注意到日常生活的脆弱性，他认为日常生活并不像我们平时感觉的那样有条理和章法可循，而是充满了琐碎和无序。这种无序和琐碎可能会给生活带来恐惧和不安，让个人有种被淹没的感觉，失去方向和意义。正是在这个意义上，我们要建立起本体性安全来对抗这种抵达心灵深处的存在性焦虑。社会资本意味着以个体为中心，通过差序格局建立自己的信任"圈层"。某种意义上，这就是个人为自己建立的一个保护壳，而这种保护壳又是与信任机制分不开的，或者说信任本身就是保护壳的一个部分。在长期的社会生活人的中，人们意识到信任是人际关系良性互动的润滑剂和公共生活顺畅进行的黏合剂，是个体自身生存发展以及社会发展的基本保障。因为在个体惯习建立之后，在与他互动和社会实践的基础上生成的对他人、环境、制度的信任，是个体安全的重要防护机制。基于信任，我们建立关系，维护并可持续我们的社会资本。社会资本的困厄必然导致个体本体性安全的缺乏。

  现实中人们的生活差距非常大，很多过不上好日子的人因嫉妒心理，做很多事情引起社会矛盾，社会不公平，就会有这样的贫富差距。

  比如说教育的不公平，因为我是学教育的，经常讲教育公平，比如流动儿童，因为我在农民之子流动儿童素质教育项目做志愿者，一直接触流动儿童。流动儿童受教育这个问题政府一直关注，调整政策，但是现在我还不是特别了解，到底有多少比例可以进公立学校，有多少比例还是只能待在很差的打工子弟学校。这个比例我还不知道，所以现在不能确定地说现在和之前有多大的好转。反正我现在支教的打工子弟学校的条件是非常非常差的。

  就业上也有不公平。有的人有家里的优势，有权有钱，就比较容易找到工作。像我们班有的人去找实习，她说就是别人推荐我的啊。就是家里人帮她找的这份工作。但是像我们这些外地人，没有什么关系的，可能只能全凭自己投简历，大概就是这个意思。（CX 同学访谈）

大学里面还是会乌托邦一点吧。而且师大也是很朴素的一个学校,在家那边会明显一点。在师大反而会接触很多比我学习好的,爸妈也挺有能力的,但可能还不如我们家过得好的情况。就是每次在学校和回家会有这两个极端体验。在学校就可能遇到那种很有能力但家境不好的,回家就总会遇到那种从小一起玩到大、嘻嘻哈哈的那种。(GY同学访谈)

二、社会资本转换与不同阶层的生存困境

然而,大学场域中的社会资本积累毕竟是有限的,因为大学场域中的关系网络相对于社会而言是简单而有限的。大学场域中社会资本的争夺更多是在家庭场域中社会资本的转换与渗透,集中体现在不同阶层的社会资本差异中。

家庭处于社会中等位置的大学生,他们一般来自城镇,独生子女居多,家里虽然不能为其提供将来衣食无忧的保障,没有雄厚的社会资本,但是总体来说,具有一定的文化和经济资本,不会让他们为经济和花销担心。他们对待学习比较认真,或者在参与活动上也比较积极,他们会很努力,争取好的成绩,参加很多活动,他们的目标很明确,是要为将来的发展打基础,因为那是他们未来前途的唯一出路。他们的家庭教给他们的观念和他们自己内心的信念是"努力才能有回报,知识可以改变命运"。这是代表大部分大学生的想法,因为在没有特权和特殊途径的情况下,他们只能通过自身的努力去争取更好的生活。大学对于他们来说,是社会资本积累的重要时期。他们深信,只有读书、学习好才会有好的生活,才会受人尊重,才会挣更多的钱。所以他们会拼命学习,用他们自己的话来说"真的就像个书呆子一样了,每天想的都是成绩和分数,其他什么事情家里都不让管,只要读好书就行了。整个两耳不闻窗外事,一心只读圣贤书。"很多普通家庭的大学生都是抱着这样的信念和想法,因为家庭背景较弱并且占有社会资本较少,高等教育是他们实现社会地位改变和提升的重要甚至唯一途径,他们期望通过高等教育来提升自己的人力资本,实现代际流动。他们在基础教育阶段往往是好学生,成绩优秀,但由于家庭社会资本不多,接触面不广,学习之外的世界和见识都不多。当进入大学,发现身边不同的人有不同的背景,各种各样的社会现

实和不公平的事情摆在眼前的时候，他们会感到很彷徨和害怕，害怕自己会受到不公正的待遇，也会遭遇潜规则等。一方面害怕，另一方面尽力了解社会规则，以便自己能够适应，在适应的同时自己不被太多地同化。

  从小妈妈就告诉我，只要好好读书就能过好的生活，就会受人尊重，这种观念对我影响很深，所以我就拼命地学习，从小到大我的成绩都特别好，老师很器重我。但是到了大学发现并不是像妈妈所说的那样，不是只要成绩好就行了，还要看很多东西，你的表达能力，交往能力等，综合能力。（G同学访谈）

  我越来越意识到好像我们生下来就被固化了，最近越来越感觉我自己现在的状态，其实都是受制于我的家庭。我在看我自己生活的环境还有我周围人生活的环境的时候，我感觉到我所处的环境限制了我所思考的东西。这主要是从我自己学习和平时在寝室里面的生活有这种感受。家庭方面，我是越来越感觉到比如说一个家里面衣食无忧的孩子，它所思考的事情跟我就不同，他们可以很放得开地出去旅行，很放得开地去思考其他的一些问题，他们有比较大的自由来做自己想做的事情，比如说出国留学这些方面，他们有很多的选择，他们不用担心……我换一种方式吧，如果我来选的话，比如出国，我就会比较多地担忧，我是不是能申请到免费留学……（LL同学访谈）

  改变什么，我没有想过，我没想过去改变，我最多只想一下自己，能够保持自己的特点不被改变就行了，你去改变它就不太现实了，自己相对来说可能过得好一些，或者你要承担一点角色，至少说你家里有的亲戚，或者家里面供你上那么多年学，肯定要回报父母，自己也是这么想的，而在这个回报的过程中，我之所以不去当公务员，我觉得我去公司的话反正挣多少钱就是多少钱，不用说考虑哪天犯法了呀，哪天出事了呀，至少没有这种顾虑吧。（ZS同学访谈）

  而在一般的家庭里，父母缺乏培养孩子多方面能力的意识和观念，他们只是朴素地坚信"学而优则仕"，家庭中也不具备那种文化氛围和条件，让小孩从小就得到好的熏陶和锻炼。而在社会经济地位高的家庭，有相应的文化资本和经济资本做后盾，这样的小孩一方面从父母的言行举止和社会交往中就能够获得与社会发展所要求的或者相近的那些"符号"性资本，另一方面也有更优越的条件学习和发展多方面的能力，这种从小通过家庭获得的发展就累积成为日后的个人资本，变成他们在社会竞争中的优势。

那些家境资本雄厚的大学生，在大学场域中往往会表现得更为活跃，不用担心经济资本的匮乏，不用花大部分时间来"挣钱"养活自己或是为家里减轻负担，他们的时间和精力可以更多放在各种关系的维护与发展以及资本优势的扩大上。在大学生的权力场域中，这些大学生比家庭困难的学生更具有竞争优势，这在一定程度上也加剧了后者的存在性焦虑，而这种焦虑就表现在大学生的行为的功利化上。行为的功利化也是现代大学生的一个普遍特点。他们往往带着功利化目的去付诸行动，"有用"成为他们衡量事物价值的唯一标准，而不是考虑这件事情本身对于自我生命成长的意义和价值。比如参加社团是为了结识人脉；担任职务是为了评奖评优；申请课题并非出于对科研的兴趣，而是为了加分，从而能够有更多筹码参与评奖或者保研等；入党是为了将来找工作的需要……部分大学生热衷于担任各种职务，这在高校场域里就如一场赤裸裸的社会资本争夺战，那些在高校学生会、社团受益的大学生，其社会资本拥有量明显具有竞争优势，而其中伴随的功利化行为，就是其存在性焦虑的具体表征。

> 每天在学生会、社团各种活动中疲于奔命，有时候晚上 11 点还在开会，熬夜写策划、做海报是常有的事，所有的时间都填充得满满的，而在繁忙之余却不知道自己忙了些什么，好像每天都在瞎忙，也不知道这是为了什么。(J 同学访谈)

> 有些同学在刚进大学时就很有目的地按照学校的评价体系和规则去做一些事情，参加很多活动，为自己积累将来的资本。(LL 同学访谈)

很多来自农村或者偏远地区的大学生，考上大城市的大学或者名牌大学，对于家庭甚至家族都是莫大的荣耀，家庭付出一切供其上学，并且对他们的将来寄予厚望，但是事实却是在家庭付出了巨大经济成本，个人付出了十几年时间努力学习之后，等待他们的依然是不能改变的命运，甚至是更加艰辛的命运。而衣食住行是人的最基本的需要，是人的生存的基本条件，如果连这些都不具备的话人的安全便没有根基，没有安身之所，也会影响到灵魂的归宿。"我觉得回老家更加要靠关系，进公司都要找人，我觉得自己回家也找不到工作。大城市更加看重能力，但是生活成本太高，觉得自己不能立足。"（G同学访谈）那么，哪里才是自己的安身之所呢？哪里才是自己的"家"呢？一个居无定所的人怎么会有安全和安定的感觉呢？以前的大学生毕业可以分配工作，单位会有相应的保障，可以安心学习，而转型改革后从前的单位制已经趋于终结。现在即使是从最好的大学毕业的学生也有找不到工作的。在严酷的就业环境下要面临严峻的生存考验，他们对自我的发展没有信心，充满不确定性和不可预期性，因而内心滋生一种不安。

  这个社会不仅仅是靠文凭就可以了，涉及很多很多因素，这里面关系和能力占到了很大的一个比重。我现在了解的可能不一定正确，但我会有一个感知就是越是小地方关系越多，越是大地方可能能力更重要一些。再者，我觉得事业单位和私人企业可能靠关系多一些。听说外企比较公平一些，这是我现在的一些认识，但肯定不完全是正确的，仅仅是根据自己的经验做出的一些判断。

  不是成绩越好，在社会上就站得住脚。要站住脚，还有很多方面，除了你自身的成绩，还有各方面的素质，身体，心理素质，各种能力。而且不一定你发展好了就……你自身条件好了，就真的发展得好。你自身发展好了，但不一定符合政策规定。比如，保研，你觉得自己挺好的，但你就是不符合那个规则，那你还是选拔不上。就是你还得适应社会的要求，而且在中国，可能还涉及复杂的人际关系。比如找工作，有后台就会很轻松，没有后台可能就没那么轻松，会受到欺压之类的。然后现在考虑我妈妈的想法，她之所以这样教我，也说明她很单纯。（GY同学访谈）

有人说，这一代大学生将来会面临"未富先老"的命运，他们一毕业就成了中年人，像中年人那样过着精打细算的日子。按照存在主义的理解，当人被抛到这个世界上的时候，他是无法选择的，人的焦虑也是无可避免的。人的家庭和出身也是自己无可选择的，家庭在整个社会结构的位置也是自己不能决定的。在当今不确定的社会环境下，农村弱势群体大学生的存在性焦虑可以想象。

第四节 资本积累与争夺下的社会阶层复制

亨廷顿说:"现代化最显著的特征之一就是在传统社会许多自觉的认同程度和组织程度都低下的社会势力中产生群体意识、内聚性和组织性。"❶ 自改革开放以来,我国社会整体发生了巨大的转变,社会阶层结构发生重大调整,但是进入20世纪90年代以来,社会阶层结构趋于定型化。一般认为,可以从三个方面来理解社会阶层结构定型化的标志:一是阶层之间边界的出现;二是阶层内部认同的形成;三是阶层之间流动的减少和常规化,也就是阶层固化。❷

从整体上来看,我们的社会阶层越来越固化,流动越来越少,阶层界限越来越清晰,来自不同家庭背景的学生也呈现出分层的特征。而高等教育入学率不断升高,意味着越来越多的人接受高等教育,而这中间自然包括很多来自普通家庭的大学生。在此情形下,大学成为社会的"中间阀"和"减压器"的作用应更加凸显,而不是社会阶层再生产的工具。大学教育只有培养出更加有内在活力和创造性的人,才能使我们整个社会更具活力,朝着良好的方向发展。一代人的成长与那个时代的环境是密切相关的,人的存在性焦虑是因为人的存在危机的出现,大学生表现出来的价值观混乱、本体性安全缺失以及自我认同危机都是存在性焦虑的体现。对于今天的大学生,他们似乎过早地承受着巨大的生存压力,在现实面前体验到了自身的渺小与无力。

从场域的视角来看,因为处于不同的社会阶层和社会位置,大学生的社会地位和认知以及所面临的命运也不同。在强势的社会面前,社会资本占据强势地位,而文化资本和经济资本则处于弱势地位,在各种各样的二元结构中,如农村城市,干部和普通群众等之间有着巨大的鸿沟,造成处在同一个环境中的大学生面临的命运不同,生活的轨迹有巨大的差别。因为家庭出身带给他们无法选择的命运,所以他们的先赋性因素左右了他们的后致性因素。具有不同类型的资本的家庭所具有的优势是不一样的,在中国的社会结构中,

---

❶ 塞缪尔·亨廷顿. 变化社会中的政治秩序 [M]. 北京: 华夏出版社, 1988: 38.
❷ 孙立平. 失衡: 断裂社会的运作逻辑 [M]. 北京: 社会科学文献出版社, 2004: 93.

也就是按照十大阶层的位置序列来看，不同类型的资本所占的位置不同，权力和职位是在前面的，而文化和经济资本则相对处于弱势。所以不同社会阶层的大学生，对于其未知的命运和生活轨迹，其存在性焦虑在内容上也会各有不同。

> 对几年大学生活的总体感受是很失望，交往不顺畅，没有人可以理解自己，课堂上发言觉得别人听不懂，觉得别人有话语霸权，自己从父母那里得来的与人相处方式不好。对自我的不认同，对学校的不认同，对社会的不认同都带有明显的阶级意识。认为很多事情是没有办法改变的，消极看待世界和身边人与事情的态度。（LL同学访谈）

> G是典型的中等工薪阶层家庭，家庭一心让其好好读书，注重知识和文化，发现那么拼命读书似乎没有什么用，很多时候觉得很不公平，自己光成绩好没有用，在其他能力上不自信，家庭也没有给他这样的理念，比如自己的表达和交往，而且担心自己找不到好工作，因为没有关系。（G同学访谈总结）

> J完全属于考虑自己能在社会上发挥多大价值类型，家庭赋予其一定的组织资本和较多文化资本，在社会交往和知识面上比较多，很多社会问题有自己的看法和见解，不是死读书的类型。也看到社会的不公平的一面，但是希望而且相信能够改变，看待周围事情的态度有很多积极建设性质。（J同学访谈总结）

阶层的分化和阶层的流动与大学场域中学子的各个方面也有着密切联系。因为，阶层边界形成也就是阶层的分化日益明显，标志着改革开放以来社会资源、利益的分布和占有的态势基本形成，大学生自然会因其来自不同的家庭背景带有不同阶层的烙印、拥有不同数量和结构的社会资本、经济资本、文化资本。在这种情况下，教育尤其是高等教育成为实现社会流动的主要机制，对于很多普通家庭和弱势阶层来说，教育几乎可以说是社会流动的唯一途径和通道。但是，自20世纪90年代后期以来的社会流动和地位变化明显减弱，变得越来越常规化。在最应该提倡民主、平等氛围的大学校园里也有了明显的分层现象，有人将其概括为五大部族：大富之家，小康子弟，工薪阶层，困难生，特困生。这些学生有着完全不同的生活方式，住的、吃的、用的都有明显差别。其至不同背景的学生形成了不同的价值取向、思维方式和性格特征。其实这不是学生本身的分层，而是学生的家长及其所处的家庭的分层，其根本原因是在于大学生所持有的家庭资本、社会资本的差异在高校里的潜在表现。而处于不同阶层的大学生的生活内容是完全不同的。那些大富之家的子弟，常常家境殷实，他们的父母要么是企业老板，要么是国企高管，要么是实权在握的高官，总之是在阶层结构的顶端或上层。在他们的世界里，实现意愿是非常容易的事情，比如出国留学，买车买房，比如谈婚论嫁等。他们常常用的是高档品甚至奢侈品，开着宝马、奔驰之类的豪车出入校园。我们可能更习惯称他们为"官二代""富二代"。他们的父辈可以说是现在社会结构的优势阶层和既得利益者，他们也从家庭资本和社会资本的代际传递中获益。

第五章

离大学之场：惯习形塑与选择策略

大学是大学生学习和生活的主要场域。然而，大学生并非只是待在象牙塔的莘莘学子，他们作为社会中的特殊群体，也是社会中的人，也会游走于社会中的各个相关场域，虽然他们身处"象牙塔"，却是"风声雨声读书声，声声入耳；家事国事天下事，事事关心"。大学是社会中的大学，社会中更为复杂的结构、功能、关系、权力和位置，也会不同程度地在大学中有所体现。社会是开放的、复杂的、多元的，对于大学生而言不像大学场域那么熟悉，充满着未知与不确定性，这些特征本身使得大学生涉入社会需要转换与适应，需要在不确定性中通过资本的积累获得自我确认和本体性安全。这是每个大学生在"离场"前后所必须考虑的，他们面临选择，而选择必然带来焦虑。不同的是，大学场域中更突出文化资本，而社会更注重经济资本和社会资本的作用。出了大学场域，由于阶层差异和家庭背景的不同带来的存在性焦虑更为严重。本部分主要探讨大学生在离开大学场域前后面临的问题及由此引发的存在性焦虑，目前的社会环境给身处象牙塔的大学生带来了怎样的压力？面临这些压力和即将离开大学进入社会，他们面临怎样的不确定性？为更好适应社会，实现社会角色的转变，他们都做出了怎样的选择？这些选择策略使他们面临着怎样的存在性焦虑？如何看待这些存在性焦虑？

第一节　社会结构断裂的内在化：惯习形塑的等级分化

人是社会的动物，社会存在决定社会意识，人是生活在社会环境当中的，在社会动荡和发生剧烈调整的时候，每个人都会通过各种途径感受到社会的变化，产生相应的心理感受。按照存在主义哲学的理论，焦虑是本体性的，

第五章 离大学之场：惯习形塑与选择策略

是人被抛到这个世界后不可避免的命运和遭遇。当人的存在成为问题时，必定是个体遭遇了存在的危机。每个时代的人有不同的命运和归宿，每个时代人的命运也不可避免地刻下时代的深深烙印。对于当今"80""90"后的大学生，他们也常常这样描述自己的处境，"我们上小学时，大学不要钱。我们读大学时，小学不要钱。我们还不能工作时，工作是分配的。我们可以工作时，拼死拼活地才能勉强找份饿不死人的工作。我们不能挣钱时，房子是分的。我们能挣钱时，却发现房子已经买不起了。我们没结婚时，围城都是坚固的。我们结婚时，满城却尽是婚外恋了……。"这是在网上疯传的一个热帖，他们到底生存在一个什么的样的时代和环境中呢？他们被"抛置"到了一个什么样的处境当中呢？

一、社会阶层分化与存在性无助

伴随现代大学制度的推进，大学变得越来越开放、多元，"学校即社会"的教育理念越来越成为可能。这一方面为大学生更好更顺利地过渡到社会奠定了基础，另一方面也使社会的复杂结构、功能、关系网络、权利斗争等场域特点呈现在大学生面前，使得他们面临一个较之大学场域更不确定的社会场域。大学生面对社会的不确定性，惴惴不安、不知如何应对，影响了他们本体性的安全，使他们对于社会产生了危机感。当然，这种危机感或者说是忧患意识，对于身处"象牙塔"的大学生而言是有积极意义的。这启示他们要尽快转换自己的行为惯习，为"离场"做好准备。

当今社会，是一个全球性的风险社会。德国社会学家贝克在其代表作《风险社会》和《世界风险社会》中详细论述了他关于风险社会的理解。他指出，风险社会是对"现实的一种虚拟"、是"充满危险的未来"、是"人为不确定因素中的控制与失控"。[1] 风险社会是由一系列特殊的社会、经济、政治和文化因素构成的现实的一种虚拟，是混沌世界中的复杂的、增加个体存

---

[1] BarbaraAdam, Ulrich Beck and Joost Van Loon edited. The risk society and beyond [M]. London: Sage, 2000: 211-229.

在风险的一种状态。❶ 鲍曼直言不讳，在"流动的现代性"时代的所有烦恼中，"不确定性（uncertainty）、不可靠性（insecurity）和不安全性（unsafety）是最险恶且最令人痛心者"。❷ 对于风险社会，作为个体的我们深陷其中，只能独自去承受由不稳定社会带来的恐惧、焦虑和不安。如吉登斯所言，人类进入了一个"失控的世界"。风险社会是如何形成的？吉登斯在《现代性后果》一书的开篇中，认为风险社会的形成主要是基于"现代性的断裂"。吉登斯指出，人类历史发展的各个阶段都有断裂，断裂在每个时代都存在，但是"现代性"的断裂与以前所有形式的社会秩序相比，其在动力机制、侵蚀传统风俗习惯的程度以及全球性影响方面，都存在着巨大差异。在吉登斯看来，断裂包括三个方面的意思，一是指由于社会变迁的速度和程度较以往都更加迅速和剧烈。二是这种断裂的范围更加广阔，超出了某个地域和国家，当世界各个角落都开始与其他地方发生着联系的时候，这种剧变成为不可阻挡之势。三是这种断裂是现代制度固有的特征。现代性的另一个后果是导致了风险社会的产生。❸

我国学者孙立平借用了美国未来学家托夫勒"三个浪潮"的概念提出中国的社会结构正处于一个"断裂"的社会。孙立平2002年在《断裂：中国社会的新变化》中指出，"所谓的断裂，是指在一个社会中，几个时代的成分并存，互相之间缺乏有机联系。如农业文明、工业文明和信息技术时代同时并存。"可见，我国社会的现代性较之西方国家是后发的、复合的，具有典型的"时空压缩"特性，即传统、现代和后现代这三个不同的发展阶段被压缩在同一时空之中，这使得我国社会风险的来源更加复杂和多样；同时，受全球化浪潮影响，我国在自身发展过程中不断受到世界其他发达国家和发展中国家的干预和挤压，从而在我国社会内部呈现出世界性社会问题与风险的凝聚。❹我国的社会转型发端于对传统社会体制、制度和社会结构的根本性变革，却尚未达到现代社会的合理均衡状态。正是由于此，目前存在的诸多结构断裂和制度空白，恰好成为社会风险的聚集地带，带来了诸多的社会问题。

---

❶ 乌尔里希·贝克，威廉姆斯. 关于风险社会的对话 [A]. 薛晓源，周战超. 全球化与风险社会 [M]. 路国林，编译. 北京：社会科学文献出版社，2005：303-304.
❷ 齐格蒙特·鲍曼. 寻找政治 [M]. 洪涛，等，译. 上海：上海人民出版社，2006：5.
❸ 安东尼·吉登斯. 现代性的后果 [M]. 南京：译林出版社，2000：96.
❹ 夏玉珍，吴娅丹. 中国正进入风险社会时代 [J]. 甘肃社会科学，2007（1）：20-24.

第五章 离大学之场：惯习形塑与选择策略

社会转型期，社会分化最为激烈的就是社会阶层结构的巨大分化。❶ 改革开放以来，我国社会发生深刻变化，社会阶层结构也发生了相应调整。从改革开放前的工人、农民、知识分子组成的"两阶级、一阶层"中演化出许多新的阶层，并且各个阶层间的社会、经济和生活方式以及利益认同的差异越来越清晰。中国社会科学院陆学艺等以职业为基础，以组织资源、经济资源和文化资源的占有多少为标准，将整个社会从高到低分为十大阶层：国家与社会管理者阶层、经理人员阶层、私营企业主阶层、专业技术人员阶层、办事人员阶层、个体工商户阶层、商业服务业员工阶层、产业工人阶层、农业劳动者阶层和城乡无业、失业半失业者阶层。❷ 虽然，我国仍然处于社会转型的过程和剧烈的调整和变革中，但是阶层结构已呈现出明显的特征并在社会生活的各个层面显现出来。大学的精神，本应是自由、民主、平等。大学本应是学术的圣地，理想的栖息地，精神的家园。可是，伴随社会的断裂和阶层的分化，使得本应纯粹的大学场域变得不再简单，大学校园中出现了明显的分层现象和等级分化。不同类型的学生共同寄居于大学之中，不同的生活方式和思维方式，不同的背景和个体惯习，呈现出的是大学生个体背后家长和所处的家庭的分层。布迪厄说："人们之所以对他们遭遇的现时所限定的某些未来的后果'萦绕于心'，只是其惯习激发他们，推动他们去体味这些后果、追求这些后果所致。"❸ 同处一个场域之中的大学生也有"等级"之分。"他们同样有资本的比较，最多是顺序不同。把学生等级化的不仅是社会、教师，更是被惯习形塑了的每一个自己。"在大学场域中，大学生不同等级的客观存在，虽然不像已经充分社会化的大学教师的行政等级或者职称序列那样明显，但是作为每个"过来者"，"我们可以清晰地在变动不居中感受到等级对学生的压迫，而贫困生，经常处在等级的下方。"他们面对这样的关系网络，难以找到自己的位置，自然会有存在性无助。"在布迪厄看来，身体的发展与其所处的社会地位有着不可分的关系，对身体的运用、塑型，恰好显示了这种身体背后的权力压迫和文化资本的隐蔽性存在。"布迪厄将"身体"视

---

❶ 朱力，等. 社会问题概论 [M]. 北京：社会科学文献出版社，2002：63.
❷ 陆学艺. 当代中国社会阶层研究报告 [M]. 北京：社会科学文献出版社，2002：18.
❸ 胡纵宇. 大学场域中的生存异化——贫困大学生成长境遇的社会学分析 [J]. 湖南师范大学教育科学学报，2013 (5)：94.

为一种资本,"而且是一种作为价值承载者的资本,积聚着社会的权力和社会不平等的差异性。""一般而言,身体的延伸和成长是通过个体在社会中所处的地位及其习性和场域所形成的文化圈而体现出其阶层的痕迹的。"❶

看到这种不好的事情以后,包括身边接触的人,有时候我就会觉得,社会要尽量变好就好了,但是社会改变起来很难,就算当权者想改变也很难,如果你被搅在那个利益集团里,不是你一个人想怎么怎么样,不是浊者自浊,清者自清,是你不承认人家的游戏规则,人家就把你排斥在那个圈子外面,你在那个圈子外面,你就更加不可能改变什么,但你要想有点什么改变,你就得去这个圈子里面,可是你去的同时你自身也就发生改变。

那时候我同学、朋友里面也有一些家境比较好的,人家都是那个圈子里面的,有时候跟你说一些话的时候也会困惑,因为以前你只站在一个阶层的这个视野上看问题,不会觉得我们就是劳苦大众,我们去伸张这个自由正义,那再正常不过了,然后可是你接触另一方面思想的时候,你就会发现来自那种家庭的孩子,他们的思想,他们中有的人就会说,我要利用我有的这些资源,让这个社会变得更好,但前提条件一定是我不能流落到社会下层去。(J 同学访谈)

我觉得有时候我自己对待与人交往的不愉快我心里面会比较压抑,比如在同寝的人看来没什么大不了的,但是我就会认为这个很不好,然后我有时候发现我父母在类似的事情上也是这样反应的。而且当然他们的反应更带有一种嘲讽的感觉。比如说如果工作的话,有相应的社会关系网的,他们在那个范围内能够更容易找到工作。还有就是我们家庭里面的话,父母基本上没有读什么书,交流的也都是普通生活啊、农民之类的(笑),所以我从小就没有接触什么经典的东西,这些到现在就一直伴随着我。(LL 同学访谈)

随着高等教育大众化进程,高校大规模扩招,大学生的构成成分变得越来越多元和复杂。他们中间有来自农业社会的,有来自工业社会的,也有来自信息化社会的,但是共同生活在大学这个场域中的来自不同发展水平的大

---

❶ 王岳川. 布迪厄的文化理论透视(续)[J]. 教学与研究, 1998 (3): 48.

学生却有着差异明显的生存方式。在每年开学迎来大学新生的时候，总会发现有学生不会用电脑，不会用教室里的多媒体设备。因为他们以前从没使用过电脑，家里买不起，从小学到高中的学校环境中也从来没有用过，很多偏远地区的学校即使有电脑硬件设备，但也只是陈列室中的摆放物而已，学校几乎没有这方面的师资配备。更别提手机等其他现代科技产品了，他们也不会用电脑视频和家人联系和交流，因为他们的父辈根本不会使用电脑。而很多来自城市的大学生从小伴着手机、电脑等电子产品长大，到大学里他们比的是品牌，比较用苹果、三星还是什么其他牌子的？对于他们来说，在大学以前的学习环境中就已经习惯用多媒体、投影仪等设备辅助教学的方式，他们和父母可以通过多种方式联系，可以在想家的时候通过电脑视频和父母对话。种种差别使得来自不同程度发展水平的学生似乎不是同一个世界的人，这往往让那些来自落后地区的大学生更加感到自卑和胆怯，对自己不自信。而那些来自"发达"地区的大学生往往从心底里有些看不起他们，认为他们什么都不懂，又没有品位，没有共同的兴趣和交流的话题，聊不到一起去，不愿意与他们密切交往。就这样无形中形成了界限和不同的交往群体。对那些落后地区的大学们来说，远离的父母，感受不到关爱，也越来越意识到父母和家庭不能给予自己任何帮助以支持，内心感到孤独和无助，大学的环境和周围的同学似乎是一种"异己"的力量存在着，让他们找不到融入的入口和交集。

> 自己大学同宿舍的人都是来自于农村，有的家里条件比较差，就不会考虑考博，但我就没这个问题，我可以按照自己的想法去做。用的、吃的上差别不会太大，但意识上会差别比较大。他们可能心里想去继续读，但家里又需要他们赚钱。对于我来说，高等教育给我提供很多平台和机会，可以实现我想做的事情，我可以做学术。可能有的人觉得受教育可以改变自己的家庭经济状况，我倒没这个需求，所以主要就是实现自己的想法。（YH同学访谈）

一个社会在发展和变革中可能会因为发展的速度和步调不一致，出现几种文明形态同时并存的情况，但是在一个良性和有机的社会结构中，各个部分之间并不是脱节的、毫无联系的。而现阶段的中国社会中发展水平最高的那一部分日益与国际市场融为一体，走在社会的前列，与社会的其他部分越来越没有关系。而在一个断裂的社会中就像一场马拉松比赛一样，每跑一段，就有人掉队，也就是被甩到了社会结构之外，这些被甩出去的人，甚至已经不是社会结构的底层，而是处于社会结构之外了。自20世纪90年代以来因为贫富的两极分化，形成了少数人垄断了社会的大部分资源，而使得社会中等收入群体难以形成，并同时产生了一个庞大的社会弱势和底层群体。社会明显分化成两个极端，一端是以拥有大量资源为特征的强势群体，另一端是相当大规模的困难群体。❶ 现在社会中很多下岗和失业人员便是这种情况。对于这部分人来说，他们的状况很难再得到根本的改变，他们很难再回到主导产业和稳定的就业体制中去。也就是说他们是社会中的被淘汰者，而且这个群体的规模很大。❷ 并且这种弱势地位正在定型为一种社会分层的结构。从静态来看，表现为社会排斥，比如，城乡制度性分割仍然会造成贫困集中在农村；社会资源的二元化再分配使得资源更多向富裕的城市社会倾斜；社会保障和福利制度是高度选择性的，覆盖的是社会中一部分富裕人口；正式就业市场的相对封闭性阻塞了部分向上流动的渠道等。动态方面表现为贫困的再生产，当社会结构相对凝固后，结构的再生产倾向会更加强化。❸

>我觉得作为普通公民来说要保障每个人都过上，至少是要满足基本生活需求和体面的生活，这个是最低要求，不管他努不努力，就算他是乞丐，你应该帮他过上体面的，就是有尊严的生活，他可以乞讨，但是他不能随便被城管带到收容所去打一顿，我觉得这个就不行，这两者之间是有区别的。（J同学访谈）

X同学来自某直辖市，家中独生女，家庭条件优越，父母都是研究生学历，父亲是公务员干部，母亲是事业单位领导和技术骨干，她以艺术特长生的身份考入了重点大学。但是在进入大学后，她说自己过得十分郁闷。

>大一整个一年时间里，我过得极度不开心和不适应，几乎每天给我妈妈打电话，每次说着说着就哭了，甚至连退学的想法都有过，

---

❶ 孙立平.失衡：断裂社会的运作逻辑 [M].北京：社会科学文献出版社，2004：4-5.
❷ 孙立平.断裂：20世纪90年代以来的中国社会 [M].北京：社会科学文献出版社，2003：241.
❸ 孙立平.失衡：断裂社会的运作逻辑 [M].北京：社会科学文献出版社，2004：70.

我爸妈很担心，生怕我出什么事。因为我觉得这个环境不是我想要的，我觉得周围的同学应该都是很有理想很有想法的，大家都是很有共同语言的。可是我入学后我发现完全不是自己想的那样，我和他们根本就没有共同语言。尤其是同宿舍的几个同学，好几个是农村来的，什么都不知道，跟她们完全没什么可聊的，她们也不出去玩，穿得土里土气的，也不讲究，有的连普通话也说不准，说话根本听不懂，更别谈交流了，每次我都不想回宿舍，觉得和他们简直就不是一个世界的人，一想到我们还要在一起生活几年时间，我就特别难受……。（X同学访谈）

这是一个来自发达城市的大学生的心声，因为身边的同学"土""落后"、条件差而让她这样地不满和不适。她所在的大学属于师范类性质，通常师范类学校与其他学校相比，学生多来自农村以及城市的一般家庭。她所学的专业是教育类专业，属于比较冷门的专业，还有部分免费师范生，因此来自欠发达的"农业文明"社会的农村孩子更多。她的讲述让人深深地感受到来自不同世界的差距，虽然在同一片蓝天下，却不在同一个地平线上。她在心理上很难接受那些贫困的同学，即使后来宿舍同学之间能够维持"表面的客套和交往"，但是却一直不能做到心灵的沟通和平等地相处。

由上述的个案可见，惯习被场域所塑型，而场域的一些特性又在身体上体现出来。在现代性的理论图景中，身体"空前地遭遇到时间和空间的分裂，遭遇到欲望的冲击和现实社会权力的压抑，感受到边缘化情绪性体验。因此，个人身心与制度的断裂，理性与社会的断裂，造成了现代人身体的多种流动变化的踪迹。"[1] 在大学生身上，由于社会欲望的冲击和权力的压力、理想的期待与现实的无奈等，造成的边缘化情绪性体验——存在性焦虑，同样存在于每个大学生个体身上。

二、社会场域的复杂与信任危机

社会结构断裂与阶层分化的一个显著后果是将个人卷入风险全球化的浪

---

[1] 王岳川. 布迪厄的文化理论透视（续）[J]. 教学与研究, 1998 (3): 48.

潮,"如今的个体将不再能投身于任何先赋和固定的集体保护网,而是作为直接暴露在前沿的脆弱个体飘荡在风险全球化的浪潮中。"❶ 如果说"从前在家庭,在农庄社区,及通过求助于社会阶层或群体得以处置的机会、危险和生活矛盾,渐渐只能由个人独自来掌握、解释及应对。因为现代社会的异常复杂性,在个人还不能以富有智识的、负责任的方式做出必须面对的决定之时,这些'具有风险的自由'现在已被强加于个人身上;那就是说,关于可能的后果已被强加于个人。"❷ 当然,个体可以通过自己的创造,来形成自己的网络和纽带,但"选择和维持自己的社会关系的能力,并非一种人人皆有的天生的能力",而是"一种习得的能力,取决于特定的社会和家庭背景"。❸ 可见,风险社会危及个体安全,在充满风险的社会环境中,个体的安全问题变得尤为突出。

人本主义心理学家马斯洛在其需求理论中,把安全需要视为生理需要得到充分满足后的一种需求。吉登斯在《社会构成》(1984)、《现代性与自我认同》(1991)、《现代性的后果》(1990)等著作中使用"本体性安全"这个概念,将之视为"大多数人对其自我认同之连续性以及对他们行动的社会与物质环境之恒常所具有的信心,这是一种对人与物的可靠性感受"。❹ 某种程度上说,与蒂利希所说的"存在的勇气"有相通的地方,就是个体在面对"非存在"的威胁时所具有的勇气和力量有很多相近之处。人本主义心理学家弗洛姆在《焦虑的意义》中写道,"西方文明最大的罪便是大众并不拥有安全感。因此,实际的经济发展,特别是在资本主义的寡头层面,是直接违背工业主义与资本主义所立基的个人努力之自由这项假设的。但是,这些个人主义假设根深蒂固于西方文化,让为数众多的人不顾他们与真实处境的矛盾,而牢牢攀附其上。当中产与中下阶层都经验到焦虑时,他们便会在个人(财产)权利——储蓄、不动产投资、退休年金等——的相同文化基础上,加倍努力以得到安全感。这些社会阶级成员的焦虑,经常称为他们努力维护个人

---

❶ 成伯清."风险社会"视角下的社会问题[J]. 南京大学学报(哲学·人文科学·社会科学),2007(2): 133.
❷ 乌尔里希·贝克. 世界风险社会[M]. 吴英姿,孙淑敏,译. 南京: 南京大学出版社,2004: 100.
❸ Ulrich Beck. Risk Society: Towards A New Modernity [M]. London: Sage Publications, 1992: 98.
❹ 安东尼·吉登斯. 现代性的后果[M]. 南京: 译林出版社,2000: 80.

主义假说的附加动机，却不知道这种假说正是他们没有安全感的部分肇因"。❶他认为，人的焦虑是因为个人安全的基础受到了威胁，而正是因为有了这个安全基础，个体才得以在与客体的关系中经验到自我的存在。这种安全也即是吉登斯所言的本体性安全。对于个体来说，本体性安全是个体行动的动力源泉。大学生本来就是处于比较脆弱的年龄阶段，抗挫折和风险能力较差，在当前社会背景和形势下，其本体性安全的维护更加应当引起重视。

> 我和一个同学关系比较好，他回家了，我就借住，我现在已经没有宿舍，我去找他们，他说那没有办法，没有位置，只能自认倒霉了，但是事实上是他们的严重的工作失误。即使我们表上的信息不对称，但是我们交了这个表，就说明我们有这方面的需求，你可以让院系通知我们，因为我们不知道他们那边的信息是冲突的，你永远不通知我们，我们永远不知道。这样他们那边就无赖，不给安排，当时我挺气愤的，我要没什么事的话早就回家了，就因为有事，有需求，挺关键的时期，但是遇到这种问题，向谁反映呀，我们学校的制度不健全，向谁反映都没有用。不光是学校，社会当中也是这样，遇到一些不公正，向谁反映？这种问题很棘手。(SX同学访谈)

> 就比如我爸这次没选上副院长，可能就会讲，陪院长应酬的人会混得比较好。而不是像我爸那样实实在在做事的。不会拍马屁。而那种拍马屁的就选上了。(GY同学访谈)

> 我希望我有信仰，我在找我的信仰，就是，我们那个曾老师跟我们说：你20几岁的时候你想判断你政治上左右啊；经济上左右啊。就是你这个思想，20岁就找寻信仰，我现在觉得，就是咱们国家其实20世纪70年代、80年代，包括60年代这批人，信仰的根就是完全就被剪掉了。

> 在我们这个年纪，我不知道是不是人人都这样，我现在很多时候都能感觉到人的脆弱和渺小，还有无助感，所以我就觉得宗教有什么好呢？他能无条件提供你安全感，我觉得这个谁也提供不了给你，对不对？就比如说将来我找个丈夫，我也不打算，我从现在起

---

❶ 罗洛梅. 焦虑的意义 [M]. 桂林：广西师范大学出版社，2010：160.

我就不打算完完全全的就是说依靠某个人。我觉得，就是人格的独立和健全，它是要有一定基础的。(J 同学访谈)

卡斯帕森认为，个体是风险的"放大站"，社会放大的根源在于风险的社会体验。❶ 由此可见，风险传播与传播主体的风险感知水平或体验程度有关。从风险的社会放大框架来看，风险放大的根源在于风险感知或风险体验，它增加个体对于风险的记忆和可意象性，强化了风险认知，❷ 使个体成为风险的"放大站"。个体的风险体验并不一定是直接经历的，当个体缺乏直接体验时，他们会从外界获得有关风险的间接经验，包括个人关系网络、新闻媒体、社会组织等，这些都会成为风险社会的"放大站"。大学生本体性安全是指在当代中国现实背景下，社会的变迁和社会制度变化等社会环境给大学带来的不安全感，而这种本体性的不安全感对学生在自我认知、对他人、社会以及环境的认识和反应都会产生影响。其中，安全感与人的生存环境是密切相关的。那么，我们的大学生都面临哪些生存困境威胁到他们的本体性安全呢？

首先，社会外在的压力。我们每个人都生活在社会环境中，环境给我们带来的压力是不能逃避的。如今，越来越走高的房价、激烈的社会竞争、难以想象的社会压力及一线城市令人压抑的社会环境，各种形式的腐败、贫富悬殊等社会不公现象，导致人的心理严重失衡，人类已经进入"精神病时代"，抑郁症已经成为非正常死亡和残疾的第二大原因，我国每年的自杀人数是全球自杀者总数的 1/4，其中，18~34 岁的青年是主体。恐怖的社会环境让无数尚未走出大学校门的大学生们产生了逃离的想法与行动。现在的年轻人被称为"房奴、车奴、孩奴、卡奴"的一代。关于房价，网上有人估算过，一个普通大学毕业生依靠工资不吃不喝基本上要把工作一辈子的积蓄都花掉才能在大城市买一套房，还不考虑其他的生活消费。现在的就业难、物价高、房价高、上学难已经成为普遍的社会问题，对于羽翼未丰的大学生而言，走上社会基本上面临着所有的不确定，他们内心的不安和压力可以想象有多大。所以很多大学生的心态是，"看一眼现实，然后装死"。因为现实的压力让年

---

❶ 罗杰·卡斯帕森. 风险的社会视野（上）：公众、风险沟通及风险的社会放大 [M]. 童蕴芝，译. 北京：中国劳动社会保障出版社，2010：92.
❷ 池上新. 社会网络、风险感知与当代大学生风险短信的传播 [J]. 中国青年研究，2014（2）：62.

轻人喘不过气来，对于前途和未来觉得沉重而没有希望。面对"生命不能承受之重"，他们似乎只能选择逃避或者假装无视，因为不论他们是什么态度都只能无可奈何。现在社会上有很多"啃老族"，而对于那些家庭不能给他们任何支持的大学生而言，他们的生活更加没有依靠，内心更加感到无助和无力。有人感慨，这是个"生不起，更死不起"的年代。沉重的负担毁掉了年轻人的爱情，也毁掉了他们的想象力。

其次，大学生对社会信任的危机。在吉登斯的定义中，信任是与本体性安全紧密相连的，正是这种可靠性的感受也就是信任，构成了本体性安全的基础。可见，信任对于本体性安全是如此的重要。卢曼在《信任与权力》中认为，信任是一种社会关系结构意义上的宏观"系统信任"，一种靠着超越可以得到的信息所概括出的期望，"在最广泛的含义上，信任指的是对某人期望的信心，它是社会生活的基本事实，是构成复杂性简化的比较有效的形式。"[1]因为社会生活的复杂性，而人的理性总是有限的，无法获得完整的信息，所以信任可以弥补理性的不足以及由此带来的信息的不完整的缺陷，从而减少社会交往过程的成本和复杂性，确保内心的安全感。简言之，信任可以理解为对诚实的一种期待和认同，它以共同的价值观为基础，表明人与人之间的坦诚和依赖。信任对于本体性安全有着重要作用，是本体性安全的重要"保护壳"，同时也是维持社会稳定的一种重要机制。目前，大学生对社会的信任不容乐观，存在一定程度的危机，这种危机反过来影响了大学生的本体性安全，使得大学生面临存在性焦虑。在访谈中发现：

> 我其实对很多事情也不乐观，我是危机感挺重的。北京十年前的治安和现在完全不一样，我就前一阵在地铁站被人抢了，还是白天，早上……现在社会上很多这样的事情，把真的说成假的，假的说成真的，有一些身边的事情让我很震惊，比如你看，咱们北京创建文明城区，要搞验收，本来是一件很假的事，现在越做越真了，社区里很多事情根本做不到，就是完全超出了你的能力范围，那没办法，只能给他编数据，因为它只要结果，你给他编完了，你知道有多假吗，还请第三方来做评估。这都是我妈跟我说的……不管怎

---

[1] 张廷赟. 吉登斯本体性安全理论研究 [D]. 南京：南京航空航天大学，2010：27.

样，有些东西还是应该去坚持，我不能那么快妥协，就算碰一些钉子，我要先去试试看，因为你要一味地改变，回来就很难了，而且我觉得有些人总是忍辱负重的心态，会很扭曲的。(G 同学访谈)

以前什么都不知道，大学里有一些教授的思想比较激进，像我以前都是很乖的，听完之后觉得好像自己有种被骗的感觉，觉得教科书上的内容并不是真实情况。现在接触地越来越多，发现要找到真相真的很难。(CX 同学访谈)

看问题看得比较大概，基本上媒体告诉什么就信什么，很多人就这样，很多获取信息的过程很浮躁，很多问题不见得就很保准。这种信息的爆炸使得我们接触信息的过程很仓促，来不及去细想，而且这个事刚出现，就出现别的事，顾不过来。他们有些也有自己的看法的，有过深入思考的。(SX 同学访谈)

大一、大二的时候，然后就觉得特别矛盾，然后大三的时候，我就开始忙我自己的事，这些想法就先搁置一边去，但另外，你会经常在微博上看到这啊那啊很多事情，就会觉得，您知道吗？到我目前阶段，我还是处在很大的矛盾之中，我所能确定的，如果，我要想为社会做一些事情的话，那我尽量首先就要让我自己做好，要让我自己的话语有分量。但是我到底要对我自己与社会融合改变到哪一步，或者我要接受社会的某些准则，接受哪一步，我现在是有一个比较乐观的一点想法，我发现以前的那些过来人，所谓过来人，就会经常跟我们说，哎，你们这些小孩子，你们将来都会被社会改变的，别看你们现在说得天花乱坠的，但现在我们发现，其实包括我现在接触到有一些人，我觉得，有一些人是很杰出的，就是他自己已经到了一定的位置，但是他也没有，就是他还是坚守很多东西，而他这种坚守也得到了旁边很多人的认可。而且我觉得越要这样才有可能走得越远，社会总是需要有走在前面的人，有跟在后面的人，你被改造的越彻底你就越跟在后面。(J 同学访谈)

通过上述大学生的心声，我们可以感受到大学生对社会秩序、制度和道德等方面的质疑。大学生的思想还不够成熟，缺乏对社会的了解和实践经验，他们主要是依靠对社会、对国家、对制度以及对抽象系统的信任来维护其本体性安全。一旦产生信任危机，就会挑战他们的安全感和对自己所生活的周边环境的信任。当一个社会运行的很多方面都没有规范来约束或保障的时候，往往会导致"社会失范"。这些现象出现在各个领域、各种人群、各个地方，密集地呈现在大学生的面前，让他们时刻感到自己生活在一个缺乏安全感的环境中。社会公德的缺失、道德滑坡现象给在大学校园中这个相对纯净和和谐的环境里生活的大学生内心蒙上一层阴影，对社会产生惧怕，给他们的本体性安全的"保护壳"带来威胁。如2006年的南京"彭宇案"[1]、2011年的"小悦悦"事件[2]。一边是路人的漠然离去，一边是好心人被诬陷，社会的公共道德和良知再次被严厉拷问。当然，这样的事件背后反映出了很多社会问题，我们不做深入探讨，但其中折射出的社会冷漠和道德底线的丧失让人痛心，更加发人深省。这样的社会氛围对于价值观还未完全确立、心智还未完全成熟的大学生来说，无疑会产生诸多负面影响。访谈中，G同学讲述了她亲身经历的一件在马路上被老奶奶"讹"上的事情，"在那之后一年时间里我都不敢再从那个路口过，公共场合碰见有老人的地方也格外小心，尽量离得远一点。"大学生作为社会的高知识分子和文化人，他们本应有高度的社会责任感，而事实却让他们体验到对社会的不信任和不安全，在他们面对社会时更多的是害怕，试想他们将来走入社会后会以一种什么样的姿态来面对和承担？

根据布迪厄的社会实践理论，惯习和场域是相互交织的双重存在，场域是具有惯习的场域，没有惯习的场域是不存在的；惯习是场域中的惯习，脱离场域的惯习也是不存在的。行动者在实践中遵循的并不是规则，而是基于

---

[1] 南京彭宇案，是2006年末发生于中国江苏南京市的一起引起极大争议的民事诉讼案。2006年11月20日，南京老太太徐寿兰在公交车站摔倒，彭宇自称上前搀扶、联系其家人并送其至医院诊治，属见义勇为，并非肇事者。随后，老太太咬定彭宇将其撞倒并向其索赔。双方对簿公堂。南京鼓楼区人民法院一审判决彭宇给付老太太损失的40%，二审和解结案。此案在社会中引起强烈反响，此后类似彭宇案的各种版本在各地出现，引起民众对跌倒老人是否可以搀扶的激烈讨论。http://baike.baidu.com/link。

[2] 2011年10月13日，2岁的小悦悦（本名王悦）在佛山南海黄岐广佛五金城相继被两车碾压，7分钟内，18名路人路过但都视而不见，漠然离开，最后一名拾荒阿姨陈贤妹上前施以援手，引发网友广泛热议。2011年10月21日，小悦悦经医院全力抢救无效，在零时32分离世。2011年10月23日，广东佛山280名市民聚集在事发地点悼念小悦悦，宣誓"不做冷漠佛山人"。2011年10月29日，没有追悼会和告别仪式，小悦悦的遗体在广州市殡仪馆火化，骨灰将被带回山东老家。2012年9月5日，肇事司机胡军被判犯过失致人死亡罪，判处有期徒刑三年六个月。http://baike.baidu.com/link。

惯性的行动策略[1]，惯习乃是策略的前策略基础，它总是倾向于再生产使策略行动成为可能的那些条件。有学者将之称之为"实践感"或"游戏感"。[2] 这种"实践感"不是惯习对结构的机械适应，而是根据实践性预期进行实践的时候，对于实践的理解或感知已经蕴含了对于过去、现在和未来的无意识的综合判断，各种客观机遇的可能性早已经内化成一种具有必然性的实践感，从而支配着自己做出实践选择。[3] 这样一种实践的逻辑，并不是意味着正确的逻辑。事实上，由于人遵循的策略总是基于自己在社会空间中所占据的位置（场域），因此未必能够越过自己的视界来客观准确地认识社会现实，他们只是根据被视为当然的缄默经验来引导自己的实践。这种缄默经验乃是客观结构与提供了直接理解幻觉的内化了的结构相契合的产物。[4] 也就是说，惯习与结构之间是吻合的，因为二者的契合性，使得惯习得以理所当然地发挥指导作用。所以，大学生在"离场"前的选择策略，更多是基于他们大学四年的资本（特别是文化资本）积累，还有他们适应大学场域而生成的惯习。但是，当大学生"离场"进入社会后，将面临新的场域，在新的场域中将生成新的惯习。在从大学场域向未来社会场域的转换过程中，会有相应的不适应及由此而产生的存在焦虑。

第二节 个体惯习的外在化：选择策略与不确定性

如果说风险社会给即将"离场"的大学生展现了一个充满危机的现实世界，为即将进入社会的大学生带来了不确定性的话，那么个体在这样的环境

---

[1] 华康德写道："所谓策略，他指的是客观趋向的'行为方式'的积极展开，而不是对业已经过计算的目标的有意图的、预先计划好的追求；这些客观趋向的'行为方式'乃是对规律性的服从，对连贯一致且能在社会中被理解的模式的形塑，哪怕它们并未遵循有意识的规则，也未致力于完成由某位策略家安排的事先考虑的目标。"布迪厄等：《实践与反思》，第27页．

[2] 朱国华. 场域与实践：略论布迪厄的主要概念工具（下）[J]. 东南大学学报（哲学社会科学版），2004（2）：44.

[3] 朱国华. 场域与实践：略论布迪厄的主要概念工具（下）[J]. 东南大学学报（哲学社会科学版），2004（2）：44.

[4] 朱国华. 场域与实践：略论布迪厄的主要概念工具（下）[J]. 东南大学学报（哲学社会科学版），2004（2）：44.

下的自主选择及其策略，凸显的是大学生面对社会不确定性而生发的个体不确定性。这种个体不确定性虽然会带来相应的心理焦虑、焦灼不定等感觉，但这种个体不确定性是充满建构意味的，是个体在选择过程中充满策略意味的自主建构。场域中行动者的策略主要有三种类型：保守、继承和颠覆。当一个场域基本上处于稳定或静止状态时，保守或继承策略是行动者的主要选择；但是，当一个场域处于激烈的变革状态中时，保守策略和颠覆策略的符号斗争就成为场域一般特性。❶ 保守的策略常被那些在场域中占据支配地位、享受老资格的人所采用；继承的策略常被那些新参加的成员采用；颠覆的策略则被那些不那么期望从统治群体中获得什么的人采用。三种不同的策略在场域中都可以被看作是行动者对其资本进行的投资与转化，三种不同的策略将导致三种不同的发展轨迹：维持原状、向上的运动以及向下的运动。❷ 正常情况下，场域中的行动者都会将所占有的资本通过策略实现最大的价值，根据自己所占有资本总量的情况抉择是升学、就业还是"漂着"，同样，策略的运用、场域进出的抉择过程充满焦虑感。

一、文化资本积累与场域"升级"

毕业在即，即将"离场"，大学生对未来的发展有所规划，伴随近些年来高校扩招和就业难的出现，大多数学生会将升学读研作为自己延迟就业的一种有效策略，无论是国内读研和国外留学。读研热，竞争激烈，又催生了大学生的学习焦虑，他们整天"三点一线"——寝室—自习室—食堂，学习生活的单调，加之读研、就业等未来的不确定性，大学第四年，大部分学生都在彷徨、焦虑中度过，他们不知前途在何方。

在访谈过程中，大部分大学生会选择继续深造，要么留在本校，要么去外地自己心仪的学校。无论是去外地还是留在本校读研究生，最终都是自己比较满意的结果。通过对整个社会环境的估计，他们认为，本科学历已经无法帮助他们在社会场域中占据有利位置，已经不具有资本优势，为了将来在

---

❶ 朱国华. 场域与实践：略论布迪厄的主要概念工具（下）[J]. 东南大学学报（哲学社会科学版），2004（2）：42.

❷ 张俊超. 大学场域的游离部落 [M]. 北京：中国社会科学出版社，2009：147.

社会场域中占据有利位置，获得更多资本，他们将继续深造，增加自己的资本总量，尤其是文化资本。他们有的选择离开北京，去上海求学，实际上是离场的"颠覆"，寻求不同场域环境的发展。北京和上海都是我们国家的一线大城市，一个是首都，一个是经济中心，都有很好的发展潜力，到上海是为了比较和选择。离开"此地"，进入"高地"是他们在该场域中实施的策略，该策略帮助他们达到一种"向上的运动"的发展轨迹，即将进入一个更高的场域，将现有资本投资或者转化到更高场域，占据发展位置。当然，能够升学的还是大学生群体中比较优秀的，他们在大学中积累了一定的资本，实现了场域的升级或跨越。大部分像他们一样追求升学的大学生在经过了痛苦的考研过程的折磨都没能实现自己升学深造的愿望，而选择了就业。他们在高校场域中并没有获得就业的技能或资本，"离场"进入社会后，入职又面临着本领的危机。

我觉得我的一个优点或特点，我在学术界和学术生态认同感方面是比较强的。有些人也知道自己要做学术，但对学术氛围不太了解，这可能涉及一些潜规则，比如说一些场合，你应该怎么去做，怎么去规划，他们不知道怎么做，对这个职业到底懂不懂，一个学者到底是怎么成长起来的，我对这方面及其关注，我看到一个学者，会比较八卦地去看他的简历，看他是怎么成长起来，对自己将来会有指导。比如是出国读博还是在国内读，有些人会觉得你出去读了，会不会和国内的不太一样，但我更关注的是学术的一个大趋势，一个主流，比如大学招聘时会考虑你是否有国外留学的经历，我更多的是从这个方面来考虑。我仅仅是从做学术方面来想的，我可能学术做的没那么多，我表面做得比较多，但这个对出国比较有利，他们看到的也只是表面。我觉得这不能算是一个缺点，算一个特点。（YH同学访谈）

大二开始吧。但我是一直到大三下学期才知道保研是一种什么样的规则。因为自己不是那么特别的功利的人吧，但是没有想到原来，就是有没有那个标准影响是很大的。比如说我很喜欢参加那种小的志愿者活动，然后就没有把心思过多地放在那些方面啊。（GY同学访谈）

其实现在还没有确定将来要不要读研。还处在观望的态度，如果有保研资格的话就继续读，如果没有的话就找工作，找工作的话呢，现在是有一个基金会，有意向让我去实习。但是如果他让我做一些我不喜欢的事情，我还是不愿意。其实工作我还是有去处的，但是我还想继续读研的，但是想让我考的话不是很愿意，考研的话太痛苦了。(CX 同学访谈)

就是进退不得，升学好像有所希望，再往上读研究生。出来工作也不是乡里人想的那样，有这么高的学历背景，就有高工资什么的。我觉得这个方面我不好说，但是我觉得我不会后悔。我现在的感觉就是随缘，也可以说是怎么样都好，这都是我自己选择的，而且现在的生活不违背我自己的心意，有希望没希望真说不上，但是如果稍微去思考一下我所要面对的这些生活的问题，现实的问题，还是会感觉到压力挺大的。尤其是最近半年以来，这种压力是比以往都大的。(LL 同学访谈)

通过来自不同阶层和家庭背景同学的选择以及他们在面临即将"转身"的十字路口，每个人都有各自不同的境遇以及选择的策略。有的在几年大学时间里很好地掌握了场域的规则，按照自己预设的轨道继续前行，有的几年下来，经历了各种挫折和失败，结果是进退两难。

二、社会资本获取与场域转换

随着社会分工的细化和产业的发展，全球化和信息化时代的到来，知识更新速度空前加快，社会发展日新月异，我们身边的新情况、新事物、新问题、新矛盾层出不穷，时代对我们每个社会人都提出了越来越高的要求，终身学习和与时俱进已成为学习化社会对每个公民的基本要求。身处大学场域的大学生只有面临"离场"、进入新的场域的时候，才会感觉到知识或技能的重要性。风险社会不只是给我们个体带来了安全危机，同时也为个体发展提出了挑战和机遇。个体如何应对"本领危机"[1]？这考验着每个个体的选择策

---

[1] "本领危机"是指害怕自己没有足够的知识、技能，常常对于没有足够的社会关系，没有可利用的权力而产生的恐慌。参见丁小浩. 社会关系对高校毕业生就业的影响 [N]. 光明日报，2004-9-24 (4).

略,尤其是对"在场"的大学生和即将走向工作岗位"离场"的毕业生。知识、技能、社会关系都属于资本,而资本是本领的基础,没有足够的资本势必会产生"本领危机",对于没有离开校门走向社会的大学生,不再是"初生牛犊不怕虎",而是充满了危机意识。因为大学并没有为大学生就业提供必要的知识技能或指导,大学生在学校学到的知识与社会需求相差甚远。因此,在就业选择策略上,他们有的考公务员、有的有许多offer但不知选哪个、有的选择创业,当然还有部分未能就业。

大学生现在的"本领危机"是对未来自己的学习生涯、职业发展和社会关系的危机意识。古语有言我们要"居安思危",而现在随着社会发展,我们却呈现了"本领危机",甚至是"存在性焦虑",并不利于我们的身心健康。从被访谈研究对象来看,他们有的焦虑自己将来的职业发展,恐惧成为"蚁族";有的担心自己管理知识和领导艺术欠缺,不足以领导团队;有的担忧到陌生的环境重建自己的"权力体系"有难度。其实,对于每个即将"离场"的大学生而言,场域的转换总会带来相应的焦虑。但是,这种"离场"的焦虑不是消极的,而是对未来"入场"的担忧。带着这种"离场"的焦虑而"入场"建构,未来必将适应新的场域。对于大学生而言,面对高度复杂的风险社会,他们难以把握和控制。他们将更多的信赖投向高密度的社会网络,由此社会资本的重要性凸显出来。社会资本是一种嵌入社会关系中的被获取的资源,可以带来好的回报,[1] 信任是其核心组成部分,也是风险沟通的基础。社会资本或社会网络作为个体所信赖的资源,为个体识别风险进而规避风险提供了较高信任度的环境。YH同学很清楚自己现在所处的以及将来希望从事的职业的场域环境和规则,同时对自己的特点有比较客观和深入的了解,并且结合二者为自己在场域环境中发展找到一条适合的路径和策略。

> 我肯定不是他那种学习能力很强的人,也不是那种真正热爱知识才去学的。这两方面我都没法和有些同学相比,我不是对知识那么有兴趣,只是想在将来把做教授当作一种职业。这是我的一种理解,比如某某老师,他的知识能力是真的到了一定程度,他是潜心

---

[1] 林南. 社会资本:关于社会结构与行动的理论 [M]. 张磊,译. 上海:上海人民出版社,2004:29.

第五章 离大学之场：惯习形塑与选择策略

治学，硬的成果出来，但你也可以看出来，有些学者在做人做事方面可能比学术更好一些，但依然很受欢迎。我个人比较倾向于这个比较综合的方面，因为我觉得自己研究实力有限，我就想把这几方面结合一下。（YII 同学访谈）

大学场域，是人生中的一个必经阶段。大学生只是大学场域中的一个过客，场域的转换是必然的。大学四年的积累后可能进入社会，开始新的职业生涯。一般而言，在哪里读的大学，大学生会选择在哪就业，或许是因为所在地的场域比较容易进入。但是，还是有部分大学生会选择回家就业，或许是因为父母在当地已经有较好的资本，作为资本的传递，大学生比较容易进入。但同时，很多媒体都谈及很多大学毕业生返乡就业后没多久又会重返北上广等一线城市。❶ 他们宁愿做"户口上的异乡人"，也不要做"心理上的异乡人"。因此，是回家还是在本地漂着？这是困扰部分大学生的一个问题。访谈发现，访谈对象结合现在社会的现状以及自身的条件，袒露了自己将来更远的发展规划，并提出了一种无奈的感受：他们是被"流放"❷的一代，有家不能回了。之所以如此，因为伴随经济体制改革的深入推进和高校的大规模扩张，原来"一个萝卜一个坑"的被动就业转换成现在的"主动就业"，在这样的转型过程和背景下，社会流动变得日益频繁和正常，"漂"更成为一种时髦的生存状态。"北漂""上漂""广漂"等"漂"一族规模日益扩大。2012 年全国高校毕业生 673.3 万，比 2011 年增长 22.1 万；2011 年高校毕业生未就业率为 22.2%，待就业的大学生有相当一部分是校漂族，即高校毕业生因各种原因选择滞留或仍然居住在高校周围，徘徊在学习与就业、理想与现实的生存境遇之间。❸ "漂族"，作为游离于学校和社会之间的边缘人，他们没有明确的社会身份，处于未扎根的不稳定状态，心理上缺乏安全感和归属感，是大学里的"弱势群体"或"边缘人"。

"漂"不仅仅是一种存在的状态，更是一种社会身份及其背后的心理认同

---

❶ 吕剑波. 年轻人为何要重返"北上广"？[N]. 新民晚报，2011-11-21.

❷ 流放，曾是古代的一种刑罚，主要是指犯人被驱逐到偏远地区去。"流放"是指地方的精英群体走出了原在的地方因种种原因不再回去工作和生活。

❸ 赵朝霞，等. 校漂族：游离在高校与社会推拉之间——校漂族社会融入实证研究[J]. 中国青年研究，2014（2）：63.

难以安放的位置感的缺乏。试想一个没有固定场域,没有稳定社会关系网络的个体,看着身边各行各业忙碌的身影,内心会是一种怎样的遗憾?山村、农村和小城的精英通过高考进入了大城市,大城市的部分精英通过各种途径走出了国门,他们都对自己说"终于走出来了",千方百计会留在大城市或者是国外打拼,不愿意再回去,不再是"故土难离",而是"有家不想回",为了更好地发展环境和发展机遇,把自己"流放"了。我们每一个有过大学经历的"过来人",对此情形都会颇有感受。一个从农村经历十几年寒门苦读的学子终于摆脱了农村,由农民身份转为干部身份,算是从底层进入了社会的中上层,很难接受再次回到原点的命运,更不想让下一代人再次重复走自己曾经走过的老路。另外,家人也不会同意自己回家工作和生活的决定,他们认为,能够出来是光耀门楣的事情,终于让他们在家乡扬眉吐气,迫于家里人的压力,碍于家人的面子,不得不接受被"流放"的现状,上文中所提到的"蚁族",同样是被"流放"的一个群体。因为大学生这一代被"流放"了,他们作为家乡的精英走出来了,家乡依然是那样的贫穷落后,随着被"流放"的群体逐渐扩大,出现了"空心村"❶ 现象,出现了"留守儿童"等一系列问题。他们自己也深知,既然接受了被"流放"的现实,就只能在自己的场域内不断积累资本以获取自己的位置。

第三节 多重角色叠加融合下的选择策略与惯习生成

如果说离开大学场域的目标是融入社会,成为"社会人",实现个体的充分社会化的话,那么综上所述,他们对于离场的表现大致可分为:主动进取型、妥协过渡型和被动选择型三种。主动进取型的大学生虽然也会有焦虑,但他们更多是把这种焦虑转化为前进的动力,表现出积极的心态和行动,尽力积累个体融入社会的资本,以便使自己能够快速融入社会、适应社会。妥协过渡型的大学生较之主动进取型的大学生缺乏积极的形态和行动,他们更多被焦虑所困扰,只想能够自然过渡到社会,不想去为之积极准备。被动选

---

❶ "空心村"是指随着我国城市化和工业化进程,大量的农村青壮年都涌入城市工作,除去过年的十几天,其他时间均工作在城市、生活在城市,留在农村的人口都是老弱病残群体。

择型的大学生还处于大学无忧无虑的生活惯习中，不想面对即将离场的现实，心态等方面还没有为融入社会做好准备。尽管在从学生角色向社会人角色的转变过程中，大学生都会有焦虑，但是群体中还是存在差异，有的为角色转变积极准备，有的却尚未反应过来。根据涂尔干的理论，人的社会融入可以从人们对于正式社会组织的参与表现出来。❶ 这种参与必须是人与人之间的良性互动，才能真正加速社会的融入过程。妥协或被动只能使自己更加疏远社会，容易产生孤立感和迷茫感，增加了社会融入的负面情感。

全球化、网络化使得社会流动越来越强，大学生虽然身处大学场域，但却面对着网络社会和现实社会的双重力量的雕刻，秉承着网络社会群体和现实社会群体的多元身份，扮演着不同时空、不同场域的角色。❷ 这些多重角色的叠加融合，让他们有一种深深的无力感。网络社会为大学生提供了一个自我呈现的场域，这个场域有着不同于现实社会的规范、秩序，其间的群体较之现实社会更具隐蔽性与虚拟性。但在这个场域中，大学生却能获得一种全新的时空观、价值观和文化观，它与现实社会一同构成了人类社会生活的"行为活动场域"。这种现实与虚拟场域间的转化，身份的在场与缺席，容易造成大学生角色扮演的混乱，降低大学生的情感认同。因为，网络社会并非像现实社会，人与人是面对面，身体是在场的。网络社会中，虚拟场域的营造使得人际交往变成一种"身体不在场"，人的社会临场感较低，这种交往的特征将陌生人纳入互动范围之内，在扩大交往范围的同时，也使得交往呈现出后现代的文化特征——平面化、碎片化、无深度和审美化。❸ 在大学与社会，现实与虚拟的场域转换中，大学生很难找到自己的位置，他们戏称他们这一代是"被流放的一代"，很难找到"在家的感觉"。尤其是伴随现代化进程和城镇化的推进，城镇化带来的不仅是频繁的社会流动，更重要的是在这个流动的过程中，作为青年的大学生群体自身心理和生理的地域适应度。❹ 因为与社会流动相适应的是场域的转换与惯习的生成。

---

❶ 陈冲，杨萍. 从社会距离的角度看校漂族的社会融入 [J]. 中国青年研究，2012（4）：51-54.
❷ 邓志强. 网络时代青年的社会认同困境及应对策略 [J]. 中国青年研究，2014（2）：71.
❸ 黄少华. 论网络空间的人际交往 [J]. 社会科学研究，2012（4）：58-65.
❹ 冯莉. 个体化时代城市青年的社会压力及其应对 [J]. 中国青年研究，2014（2）：88.

第六章

结论及研究的展望

第一节 大学生存在性焦虑的社会学思考

大学生是社会中最活跃、接受新事物最快、知识丰富的一个特殊群体，他们代表着希望和未来，大学生的生存状态不仅关系着大学生个体的健康成长和成才，也关系到高等教育人才培养的质量和高等教育的长远发展。同时，每个大学生都承载着一个家庭的期望，也承载着国家和民族对于他们的寄托。如今，大学生的迷茫、"纠结""郁闷"、焦虑已成为常态，与此同时，大学生"宅文化"盛行，对于学习、课业、活动等却不感兴趣也不积极参与，"屌丝""吃货"是他们无奈的自我身份称谓，如此种种的表现和行为让我们看到当前大学生生存状态的一个整体素描，大学生的存在性焦虑已经成为一个普遍而且备受关注的重要问题。透过这些外在表现，通过研究发现其背后所蕴含着更深层次的社会原因。

正如马克思所说，人的本质是社会关系的总和，人的存在不仅仅是作为单个个体的存在，而是不可避免地会受到其所处的社会境况的制约和影响，每个人身上都会打上其所处的社会阶层的烙印，外在的社会关系和处境会内化在其身体内和行为倾向当中，并通过其实践行动外在化地显现出来。当前，中国社会正经历剧烈地变迁和调整，社会群体的位置在不断发生变化，社会成员的心态也呈现出不同特点。以往对于存在性焦虑的研究和分析往往侧重于个体方面，而且在分析其原因时往往是泛泛而谈，缺乏深入地将个体作为社会行动者阐释其在社会实践中的行动的内在逻辑和机制。通过布迪厄的社会实践理论，借用其场域、资本和惯习三个工具以及三者之间所形成的密切联系，我们深刻地理解了大学生存在性焦虑的发生机制，了解了大学生个体如何凭借其所拥有的资本和惯习在社会场域中行动；个体如何与社会进行沟通，如何进行策略选择；不同的资本和惯习是如何影响大学生的存在性焦虑；大学生的自我认同危机、本体性安全缺失、存在性无助以及价值观的混乱是如何发生的，从而揭示出大学生个体看似随意或简单的行动背后所被掩盖得很深的那些蕴含着丰富社会内涵的结构因素。

通过深入的理论探讨与剖析，我们意识到大学生存在性焦虑问题是一个极为复杂的社会层面的问题，不仅仅是一个简单的心理层面的问题，大学生个体所拥有的资本（经济资本、文化资本、社会资本以及象征资本）都卷入了其社会实践的行动中，决定了其在所处场域中的不同位置，个体也通过惯习（生活方式、品位、气质、行为方式等）形塑着其所在的场域，这就从最细微的层面将大学生个体如何与场域的"游戏规则"进行双向互动精细地刻画出来。同时，大学生存在性焦虑是一个长期性的问题，由于大学生个体所具有的资本属于家庭所赋予的先赋性资本，而个体的家庭出身及家庭境况是其自身无法选择和决定的，其参与社会竞争的经济资本和社会资本以及文化资本基本上是来源于家庭，尤其是大学生个体的惯习和秉性，更是在长期的生活经验和个人阅历中积累而成的，从小受到家庭环境、父母教养等方面的影响而内化于其身体内的一种潜意识的和最深层的行为模式，这种长期形成的差异在短时间内难以改变。加之在进入大学以前，他们在基础教育的环境中所形成的很多认知和行为方式与大学和社会场域的运作逻辑存在很大差异，社会调整与变迁带来的诸多不确定给他们的大学生活造成了冲击。只有在充分意识到大学生存在性焦虑的复杂性、长期性以及深刻性的基础上，才能更好地认识其行为表现的内在原因，从而更好地理解不同大学生的生存处境和状态。

当然，我们也要看到，存在性焦虑本身并不完全是消极的。早在古希腊时期，人们将焦虑描述为只有高尚的人才会有的体验。哲学家基尔克郭尔曾将焦虑与人的创造性联系在一起，甚至认为创造性越高的人，越会产生焦虑。而人本主义心理学家罗洛梅认为焦虑正是因为冲突的存在，有冲突就意味着有解决的办法，如果完全没有一点希望和可能，焦虑也就不会发生了。这与布迪厄的社会实践理论是一致的，他强调从静态和动态两方面对社会历史和结构进行研究，力图避免社会科学中长期存在的两种极端，即要么是物质结构的客观主义决定论论调，要么一味地强调建构主义。布迪厄的社会实践理论带有强烈的关系性和生成性特点，超越了传统的主客二元对立，是一种"建构的结构主义"或"结构的建构主义"社会理论。大学生作为社会行动者，其本身所具有的惯习和行为结构是在社会历史脉络中同时内在化和外在化的双重运动，既有被动性也有主动性的一面。在这个意义上，社会实践理论不仅帮助我们深刻理解大学生存在性焦虑所蕴含的社会因素及深层次原因，也对我们探讨如何应对大学生存在性焦虑问题提供了理论指导。

第二节 大学生存在性焦虑应对的探讨

一、大学生："惯习"的调适与自我重构

惯习是一种具有持久性和可转移性的个人秉性，是实现个体与客观世界沟通和融合的内在逻辑和中间环节，它具有长期性和相对稳定性，同时也具有可转移性。由于长期的生活经验和个人经历所内在化的行为结构，使得大学生在经历不同场域转化时表现出不适应或某种"脱节"现象，大学场域的多元化和社会场域的复杂化与其之前形成的惯习之间存在不和谐，在新的场域中个体所处的位置发生也会变化。大学生个体要主动通过惯习的调适和改变来促进新的结构的生成，帮助自己在新的场域环境中更好地生存和发展。虽然这种内在化的结构短时间内难以改变，但是惯习可以在个体行动者发挥主动性和创造性的前提下变成一种"促结构化的结构"，从而使得大学生个体能够应付和面对各种新情况与不确定性所带来的挑战。因此，大学生个体要提高自身的"风险意识"和应变能力，在变动不居的社会环境和充满不确定的风险社会中，从容地应对。我们知道存在性焦虑是不可能避免的，它是一种深植于个体内心的情绪体验，同时它具有弥散性，处在其中的个体可能是一种无意识的状态，而这种状态会使个体的积极性、主动性以及创造性和生命的活力受到一定地压抑，影响大学生个体对自我、他人以及对大学和社会的感知与认同。大学生个体需要提高自身的理性和自我反思意识，运用"社会学的想象力"洞察自身行为以及与社会结构因素之间的内在关联，以便在

同他人的惯习发生冲突和在不同场域中制定策略时有更好的依据。尤其是对于那些来自农村和偏远地区的大学生弱势群体而言，阶层和家庭背景的因素已在其长期的生活经验中内化为其隐性的认知方式和感知模式，外化在其各种行为方式、爱好、品位和作风当中，使其在多元的大学场域中感受到种种差异和不适。但是社会客观结构并非只是限定个体行动的"框架"，大学生是高知识分子群体，有很强的学习能力和接受新事物的能力，应该意识到个体行动者的感知模式、思想和行动的过程是一个动态的社会生成过程，利用自身的优势来提高和发展自我。同时，个体与场域、社会结构之间存在一种双向互动的关系，社会结构也是动态生成和富于变化的。因此，大学生个体要在积极实践的基础上不断地对社会结构和活动以及周边的环境进行反思性监控，对自身的言语、认识做出调适，对行为和事件做出解释，从而对自我的位置和场域的复杂性都有清晰的认识，降低存在性焦虑带来的冲击。诚然，布迪厄在对教育系统的分析时认为教育尤其是高等教育是阶层复制和再生产的工具，社会的不平等机制通过教育系统得到巩固和加深。而在现实生活中，很多调查显示，有不少来自偏远地区、贫困家庭的学大学生通过上大学实现了阶层的上升和命运的改变，即使家庭背景处于弱势，但他们通过自身艰苦的努力用"获致性因素"抵消或者弱化了"先赋性因素"对自身发展的限制。因而，大学生个体应尽量避免存在性焦虑的消极影响，要通过实践发挥自身的能动性和创造性，增强"存在"的勇气，在积极地建构和无限的交往中实现自我的重构和超越。

二、大学："精神场域"的构建与"以人为本"的回归

大学是大学生生活的重要场域和主要实践空间。大学生是青年知识分子，学习知识和增长才智是他们的首要任务和本职，他们抱着对大学的美好期待和人生的理想迈入大学的殿堂。大学应该为所有获得这个场域"入场券"的大学生提供努力学习专业知识、发挥创造性和自身价值的平台和同等条件，虽然来自不同地域、家庭的大学生在进入大学之前在资本以及惯习等方面具有很大差异，在进入大学后在大学场域中有不同的表现，但是大学不能扩大这种因阶层位置和家庭背景所产生的差异，把学生分成不同等级区别对待，而是要在大学中创造自由、民主、平等的环境促进其发展，尽量减小和规避

社会的各种风险因素对大学生的侵袭和不利影响，激发他们的活力和积极主动性，使他们能够在相对民主、宽松的氛围中更好地成长成才。大学本身是一个培养人的地方，是一个以传播文化知识、创造知识为本职的"精神场域"，大学要在社会变化的洪流中坚守其精神和价值的追求，不能异化为社会资本和经济资本的斗争的权力场域。

因此，大学应该从以下几个方面来减缓大学生的存在性焦虑：首先，管理者应明确大学的根本任务是人才的培养，大学之存在最重要的价值就是在于大学之精神，大学要通过大学精神的回归和发扬让大学生在其中获得生存意义，让大学生感觉到这是一个值得自己去投入的世界，对大学有一种精神和心理的归属感和认同感，从而能够在大学场域中顺利转换自身的角色和惯习来适应大学的生活。大学的管理应围绕其宗旨和人才培养目标，注重在学生管理和培养的各个环节中落实和体现，促进学生的发展。随着高等教育的发展，很多大学提出"建设世界一流大学""创建高水平大学"等目标，但往往只重视科研经费、论文数量、硬件建设、数字排名等方面，而没有真正把这些目标同人才培养和大学生的发展联系起来；同时，大学加强人文和文化建设，不能被市场化、商业化所侵蚀而失去存在的根基，大学生在大学场域中所形成的丰富的内心世界、高雅的精神气质以及坚定的信仰等也会内化为其身体内的惯习，成为其日后进入社会场域的重要"资本"。其次，大学管理部门要真正做到"以人为本"，意识到在日益多元的社会以及大学中大学生的存在性焦虑是普遍存在的，充分认识到大学生之间的社会差异，他们带着来自不同地域和阶层的文化、惯习和资本来到同一个大学当中。我们的管理制度和措施应该更加富有人性化的关怀，应充分尊重不同大学生的特点，对不同的大学生进行分类管理，避免"一刀切"和官僚、科层化的管理模式，为所有大学生创造融入大学场域的良好条件，不能把弱势大学生排斥在外，造成这部分大学生对大学组织以及自我的不认同。大学的管理应始终立足于培养具有创新精神和实践能力的全面发展的人，为大学生的学习提供自由、平等、宽松的条件和氛围。同时，大学生在大学场域中的知识技能的学习和积累是其未来进入其他场域的重要资本，而如今大学的课程设置的滞后及教学方式的单一等严重影响了人才培养的质量，不能满足社会对于人才的要求，不能真正增长大学生的知识和智慧，让他们获得过硬的技能和本领，形成有效的资本积累。因此，大学管理应该加强课程建设和教学改革，提高大学教育的质量，增加社会对大学教育的认可以及大学生对大学生活和自我价值的认同。最后，大学管理者和教师应真正地贴近大学生，关注和了解大学生的需要及困难，增加与大学生的交流和互动；帮助他们克服生活中的困难和心理上的困惑与迷茫；增强大学生的归属感，让他们感受到大学中的人文关怀和温暖；尤其要加强对于弱势大学生群体的关注，了解他们的困难和需要，避免他们因陷入存在性焦虑或沉湎其中而影响其健康成长和发展。

三、"风险"社会：阶层差异的缩小与大学生"保护壳"的营造

社会是一个开放、多元、复杂的场域，存在着复杂的结构、资本、功能、关系、权力和位置，各种不同元素所构成的多元网络结构空间对大学生的行为和惯习等起着重要的形塑作用。当前中国社会转型期的社会利益群体分化、收入分配不平衡、社会结构变革以及社会制度变迁等都给人们的生活带来了一系列的不确定性，处于不同社会阶层和位置的人们都不同程度地感受到了社会生活发生的变化，人们普遍感到不安和担心甚至恐慌，如贝克所言，我们生活在充满不确定性的"风险社会"当中，对于不确定性的恐慌使得人们被裹挟在一种深深的"存在性焦虑"中。

从高中进入大学场域的大学生，开始接触和感受到社会的复杂，社会的不确定性和风险越来越深地影响到大学生个体。根据布迪厄的社会实践理论，资本是个体行动者的工具，资本的数量与形式决定了行动者在场域当中的位置，同时也生成一种权利来控制场域中的"游戏规则"。我国社会阶层结构的固化和阶层之间的巨大差异使得大学生尤其是处于弱势阶层的大学生深感无力和无助，他们由于先天社会资本和经济资本的匮乏，期望通过获取教育文凭来增加文化资本以实现资本的转化，增加自己在社会场域中的"筹码"和获得更好位置的入场券。但是社会阶层的固化和贫富差距拉大的现实给这部分大学生带来的却是失望。孙立平教授在谈到20世纪90年代以来我国社会阶层结构的变化时，用"断裂"来形容这种差距，以此说明社会财富、地位的巨大差异和不平等和大量弱势群体的存在。同时，在社会转型和变迁中带来的种种社会问题，如信任危机、道德失范、"二代"现象、政治领域的腐败等问题越来越多，这些因素对正处于自我同一性确立以及价值观形成关键期的大学生带来巨大的冲击和威胁。作为信息化时代成长起来"网络一代"，社

会场域中的种种"风险"通过信息网络不断放大，冲击着他们的内心，让大学生原本不成熟和脆弱的心理失去"保护壳"。

社会场域是一种客观存在，是每个社会个体行动者的生存和实践空间，是化解或者减轻大学生的存在性焦虑的重要方面，只有当社会为大学生提供了公平公正的大环境，让他们能够在平等的条件下发挥自身的才能和实现其价值，才能够真正地激发大学生的积极性和创造性。因此，首先，社会要缩小贫富差距，调整利益分配结构和收入分配制度，缩小区域、行业等社会发展的不平衡，尽可能地让所有社会成员都平等地享有经济发展的成果。为投入了大量经济资本和付出了巨大时间成本的大学生提供向上流动的渠道和途径，从而实现良性的社会流动，避免把大学变成社会阶层复制和再生产的工具。尤其对于那些处于不利地位缺乏社会资本和经济资本的大学生而言，不至于让他们陷入"文凭贬值"和"读书无用论"的惴惴不安中，让大学生能够通过自己的努力和"后致性"因素改变命运，激发他们的创造性，给整个社会发展带来活力。特别是现在社会场域中大量腐败现象的存在，给大学生内心造成强烈的惶恐不安和无助，原本应该发挥作用的社会规范严重失效，使得"潜规则"泛滥，这些不确定性因素在大学生面临学业发展、择业等重大选择时带来困扰，让大学生在社会场域中的弱势地位更加凸显，找不到自我价值和意义感。因此，对于社会腐败的惩治及良好社会风气的营造对于大学生存在性焦虑的缓解有重要作用。其次，积极完善社会保障制度。目前我国处于急剧的转型期，快速的变化会让很多社会成员感到不适应，而且社会中已经形成了一个庞大的弱势群体，不同社会成员之间的生存状态与发展都存在很大程度的差异。大学生来自于处于不同社会阶层的家庭，他们身上带有与家庭相应的惯习和资本，社会保障体系能够给很多来自不利处境家庭的大学生提供一个支持网络和安全的心理空间，让他们能够安心学习，让他们不需要为了满足生存的基本需要而担心，在社会场域中能够有一个稳定的生活预期。虽然布迪厄在其理论中对于文化资本给予了相当的重视，认为文化资本将在人的命运中发挥越来越重要的作用，但是文化资本也往往不能单独发挥作用，经济资本仍是所有资本类型的根源。而社会保障制度作为大学生最基本的生存经济保障具有重要作用。最后，营造良好的网络环境。网络虚拟世界大大拓展和延伸了人类实践空间和领域，网络世界已经成为人们生活的"第四世界"。[1] 大学生是使用现代媒体和网络最多的群体，网络是他们的重要生活方式，也是他们了解世界和接触社会场域的重要途径。现代社会生活的多样性使得人们的价值观日益多元，各种各样的社会信息和言论通过网络媒休迅速蔓延和传播，而大学生对网络媒体有高度的依赖性，社会场域中形形色色的现象通过网络影响和形塑着大学生。因此，媒体要增强社会责任感，发挥正面积极作用，不能歪曲事实，也不能过分渲染，为大学生的本体性安全提供"保护壳"，从而帮助其更好地抵御存在性焦虑。

第三节　结束语

本书以大学生存在性焦虑问题为出发点，以社会实践理论为理论分析视角，紧密围绕大学管理中的实践问题深入地进行理论分析和探讨。总体来说，本书存在以下几个方面的创新和不足之处。

创新之处：首先，大学生存在性焦虑的内涵界定。焦虑本身是一个非常复杂的心理学问题，至今为止在心理学界尚未形成统一的定义，存在性焦虑更是一个复杂与深刻的话题。本书在综合哲学、心理学及社会学等各领域相关论述的基础上紧密结合当代中国社会现实背景和大学生的实际生存状态对其进行了概念内涵界定，可以说是一个有益的尝试和探索；其次，在理论视角上，运用布迪厄的社会实践理论对大学生存在性焦虑进行深入分析，揭示大学生存在性焦虑的深层原因及内在机制，对该问题有了深入认识和理解，有助于后续研究的进一步推进。

不足之处主要表现在两个方面：第一，存在性焦虑的内涵涉及的领域非常广泛，包括哲学、心理学、文学、社会学等学科领域，对概念内涵的深入理解需具备广博的理论视野和深厚的理论功底以及较强的理论敏感性，在此基础上才能够深刻把握存在性焦虑的丰富内涵。由于笔者的基础与能力所限，只能在力所能及的范围对大学生存在性焦虑进行探究；第二，在研究方法上，本书采用了初步的实证研究（问卷调查+访谈法）结合深入的理论分析方法进行研究，考虑到存在性焦虑问题的深刻性及复杂性，侧重于从理论的角度进

---

[1] 张之沧. 第四世界论 [J]. 学术月刊, 2006 (2): 5-12.

行深入阐释和剖析。因此在实证研究尤其是量化研究上仅做初步的尝试，还有很多不完善的地方，主要是对存在性焦虑定义的操作化上十分不够，自编的问卷结构和维度还有待进一步完善，对于访谈的挖掘也不够深入，未能将丰富、立体、生动的大学生存在性焦虑很好地展现出来。当然，对大学生存在性问题的研究才刚刚开始，本书的不足和局限恰恰为今后的研究提供了努力的方向和开拓的空间。

参考文献

一、著作类

[1] 孙立平. 断裂——20世纪90年代以来的中国社会 [M]. 北京：社会科学文献出版社，2003.

[2] 孙立平. 失衡：断裂社会的运作逻辑 [M]. 北京：社会科学文献出版社，2004.

[3] 安东尼·史密斯，弗兰克·韦伯斯特. 后现代大学来临 [M]. 侯定凯，赵叶珠，译. 北京：北京大学出版社，2010.

[4] C.赖特·米尔斯. 社会学的想象力 [M]. 陈强，张永强，译. 北京：生活·读书·新知三联书店，2005.

[5] 张春兴. 现代心理学 [M]. 上海：上海人民出版社，1997.

[6] 车文博. 人本主义心理学 [M]. 杭州：浙江教育出版社，2003.

[7] 基尔克郭尔. 概念恐惧·致死的疾症 [M]. 京不特，译. 上海：上海三联出版社，2005.

[8] 杨鑫辉. 心理学通史（第五卷）[M]. 济南：山东教育出版社，2000.

[9] 安东尼·吉登斯. 现代性与自我认同 [M]. 北京：生活·读书·新知三联书店，1998.

[10] 艾瑞克·埃里克森. 同一性：青少年与危机 [M]. 孙名之，译. 杭州：浙江教育出版社，1998.

[11] 查尔斯·泰勒. 自我的根源：现代认同的形成 [M]. 韩震，等，译. 南京：译林出版社，2001.

[12] 杨韶刚. 寻找存在的真谛 [M]. 武汉：湖北教育出版社，1999.

[13] 萨特. 存在与虚无 [M]. 陈宣良，等，译. 合肥：安徽文艺出版社，1998.

[14] 保罗·蒂利希. 存在的勇气 [M]. 成显聪，王作虹，译. 贵阳：贵州人民出版社，1998.

[15] 车文博. 人本主义心理学 [M]. 杭州：浙江教育出版社，2003.

[16] 布迪厄, 华康德. 实践与反思 [M]. 李猛, 李康, 译. 北京: 中央编译局出版社, 2004.

[17] 包亚明. 布迪厄访谈录——文化资本与社会炼金术 [M]. 上海: 上海人民出版社, 1997.

[18] 高宣扬. 布迪厄的社会理论 [M]. 上海: 同济大学出版社, 2004.

[19] 杨善华. 当代西方社会学理论 [M]. 北京: 北京大学出版社, 1999.

[20] 侯钧生. 西方社会学理论教程 [M]. 南京: 南开大学出版社, 2001.

[21] 戴维·斯沃茨. 文化与权力——布迪厄的社会学 [M]. 陶东风, 译. 上海: 上海译文出版社, 2006.

[22] 菲利普·科尔库夫. 新社会学 [M]. 钱翰, 译. 北京: 社会科学文献出版社, 2000.

[23] 陈向明. 质的研究方法与社会科学研究 [M]. 北京: 教育科学出版社, 2000.

[24] 潘慧玲. 教育研究的取径: 概念与应用 [M]. 上海: 华东师范大学出版社, 2005.

[25] 乔伊斯·P. 高尔, 等. 教育研究方法: 实用指南 (第五版) [M]. 屈书杰, 等, 译. 北京: 北京大学出版社, 2007.

[26] 卡尔·波普尔. 猜想与反驳: 科学知识的增长 [M]. 傅季重, 等, 译. 上海: 上海译文出版社, 1986.

[27] 裴娣娜. 教育研究方法导论 [M]. 合肥: 安徽教育出版社, 1995.

[28] 艾尔·巴比. 社会研究方法 [M]. 邱泽奇, 译. 北京: 华夏出版社, 2000.

[29] 宫留记. 布迪厄的社会实践理论 [M]. 开封: 河南大学出版社, 2009.

[30] 王成兵. 当代认同危机的人学解读 [M]. 北京: 中国社会科学出版社, 2004.

[31] 张立宪. 读库1204 [M]. 北京: 新星出版社, 2012.

[32] 赵红霞. 大学危机管理 [M]. 北京: 轻工业出版社, 2010.

[33] 王处辉. 高等教育社会学 [M]. 北京: 高等教育出版社, 2009.

[34] 威廉·W. 弗兰克纳. 善的求索——道德哲学导论 [M]. 沈阳: 辽宁人民出版社, 1987.

[35] 亨利·柏格森. 笑的研究 [M]. 北京: 商务印书馆, 1963.

[36] 刘云杉. 学校生活社会学 [M]. 南京: 南京师范大学出版社, 2000.

[37] 胡丽英. "门"后的潜规则 [M]. 北京: 企业管理出版社, 2011.

[38] 费孝通. 乡土中国生育制度 [M]. 北京: 北京大学出版社, 1998.

[39] 塞缪尔·亨廷顿. 变化社会中的政治秩序 [M]. 北京: 华夏出版社, 1988.

[40] 乌尔里希·贝克. 世界风险社会 [M]. 吴英姿, 孙淑敏, 译. 南京: 南京大学出

版社，2004.

[41] 周战超. 全球化与风险社会［M］. 北京：社会科学文献出版社，2005.

[42] 齐格蒙特·鲍曼. 寻找政治［M］. 洪涛，等，译. 上海：上海人民出版社，2006.

[43] 安东尼·吉登斯. 现代性的后果［M］. 南京：译林出版社，2000.

[44] 朱力，等. 社会问题概论［M］. 北京：社会科学文献出版社，2002.

[45] 陆学艺. 当代中国社会阶层研究报告［M］. 北京：社会科学文献出版社，2002.

[46] 皮埃尔·布迪厄. 实践与反思——反思社会学导引［M］. 北京：中央编译出版社，1997.

[47] 安东尼·吉登斯. 现代性的后果［M］. 南京：译林出版社，2000.

[48] 罗洛·梅. 焦虑的意义［M］. 桂林：广西师范大学出版社，2010.

[49] 罗杰·卡斯帕森. 风险的社会视野（上）：公众、风险沟通及风险的社会放大［M］. 童蕴芝，译. 北京：中国劳动社会保障出版社，2010.

[50] 张俊超. 大学场域的游离部落［M］. 北京：中国社会科学出版社，2009.

[51] 林南. 社会资本：关于社会结构与行动的理论［M］. 张磊，译. 上海：上海人民出版社，2004.

[52] 安东尼·吉登斯. 失控的世界［M］. 周红云，译. 南昌：江西人民出版社，2001.

[53] 黑格尔. 精神现象学［M］. 北京：商务印书馆，1983.

[54] 高宣扬. 当代社会理论［M］. 北京：中国人民大学出版社，2005.

[55] 李猛. 舒茨和他的现象学社会学［M］//杨善华. 当代西方社会学理论. 北京：北京大学出版社，1994.

[56] 渠敬东. 缺席与断裂：有关失范的社会学研究［M］. 上海：上海人民出版社，1999.

[57] E. 涂尔干. 社会学方法论［M］//高宣扬. 当代社会理论. 北京：中国人民大学出版社，2005.

[58] 高宣扬. 当代社会理论［M］. 北京：中国人民大学出版社，2005.

[59] 阿尔弗雷德·舒茨. 社会实在问题［M］. 北京：华夏出版社，2001.

[60] 阿尔弗雷德·舒茨. 陌生人［M］//转引自杨善华. 当代西方社会学理论. 北京：北京大学出版社，1994.

[61] 西美尔. 金钱、性别、现代生活风格［M］. 上海：学林出版社，2000.

[62] 汪民安，等. 现代性基本读本（上）［M］. 开封：河南大学出版社，2005.

[63] 尤尔根·哈贝马斯. 现代性的哲学话语［M］. 曹卫东，译. 上海：上海人民出版社，2004.

[64] 利奥塔. 后现代性与公正游戏——利奥塔访谈、书信录 [M]. 谈瀛洲, 译. 上海: 上海人民出版社, 1997.

[65] 丹尼尔·贝尔. 资本主义文化矛盾 [M]. 北京: 人民教育出版社, 2010.

[66] 陆学艺. 当代中国社会结构 [M]. 北京: 社会科学文献出版社, 2010.

[67] 阳德华. 大学生抑郁和焦虑研究 [M]. 北京: 科学出版社, 2009.

[68] 刘岩. 风险社会理论新探 [M]. 北京: 中国社会科学出版社, 2008.

[69] 王俊秀, 杨宜音. 2011中国社会心态研究报告 [M]. 北京: 社会科学文献出版社, 2011.

[70] 刘云杉. 学校生活社会学 [M]. 南京: 南京师范大学出版社, 2000.

[71] 谢立忠. 西方社会学名著提要 [M]. 南昌: 江西人民出版社, 2007.

[72] 雅斯贝尔斯. 什么是教育 [M]. 邱立波, 译. 上海: 上海人民出版社, 2006.

[73] 阿隆. 社会学主要思潮 [M]. 葛智强, 等, 译. 北京: 华夏出版社, 1999.

[74] 布迪厄, 帕斯隆. 再生产——一种教育系统理论的要点 [M]. 邢克超, 译. 北京: 商务印书馆, 2002.

[75] 哈耶克. 通往奴役之路 [M]. 王明毅, 等, 译. 北京: 中国社会科学出版社, 1997.

[76] 乌里希·贝克. 风险社会 [M]. 何博闻, 译. 南京: 译林出版社, 2004.

[77] 陆学艺. 当代中国社会流动 [M]. 北京: 社会科学文献出版社, 2004.

[78] 梁晓声. 中国社会各阶层分析 [M]. 北京: 文化艺术出版社, 2011.

[79] 孙立平. 博弈: 断裂社会的利益冲突与和谐 [M]. 北京: 社会科学文献出版社, 2006.

[80] 李友梅, 孙立平, 沈原. 当代中国社会分层: 理论与实证 [M]. 北京: 社会科学文献出版社, 2006.

[81] 李春玲. 断裂与碎片: 当代中国社会阶层分化实证分析 [M]. 北京: 社会科学文献出版社, 2005.

[82] 李路路, 边燕杰. 制度转型与社会分层 [M]. 北京: 社会科学文献出版社, 2008.

[83] 刘易斯. 失去灵魂的卓越: 哈佛是如何忘记其教育宗旨的 [M]. 侯定凯, 等, 译. 上海: 华东师范大学出版社, 2012.

二、期刊类

[1] 陆学艺. 中国社会阶层结构变迁60年 [J]. 中国人口·资源与环境, 2010 (3).

[2] 李强. "丁字型"社会结构与"结构紧张" [J]. 社会学研究, 2005 (2).

［3］欧阳康. 中国高等教育30年的观念变革与实践创新［J］. 中国高等教育，2008（17）.

［4］张之沧. 第四世界论［J］. 学术月刊，2006（2）.

［5］王英杰. 大学危机：不容忽视的问题［J］. 探索与争鸣，2005（3）.

［6］肖起清. 大学危机十论［J］. 江苏高教，2013（5）.

［7］魏干. 谁造就了精致的利己主义者［J］. 民主与科学，2012（2）.

［8］吴康宁. 教育研究应研究什么样的"问题"——兼谈"真"问题的判断标准［J］. 教育研究，2002（11）.

［9］党彩萍. 焦虑研究述评［J］. 西北师大学报，2005（4）.

［10］章仁彪，郑少东. 吉登斯时空分离难题之反思［J］. 理论探讨，2008（5）.

［11］沈湘平. 现代人的生存焦虑［J］. 山东科技大学学报（社会科学版），2005（7）.

［12］陈坚，王东宇. 存在焦虑的研究述评［J］. 心理科学进展，2009（17）.

［13］宫留记. 场域、惯习和资本：布迪厄与马克思在实践观上的不同视域［J］. 河南大学学报（社会科学版），2007（5）.

［14］朱国华. 场域与实践：略论布迪厄的主要概念工具（上）［J］. 东南大学学报（哲学社会科学版），2004（2）.

［15］朱桦. 论当代大学生的身份认同危机［J］. 当代青年研究，2008（10）.

［16］李超民，李礼. 屌丝现象的后现代话语检视［J］. 中国青年研究，2013（1）.

［17］朱景坤. 社会转型期中国大学的危机［J］. 现代教育管理，2013（1）.

［18］宫留记. 布迪厄的社会实践理论［J］. 理论探讨，2008（6）.

［19］夏玉珍，吴娅丹. 中国正进入风险社会时代［J］. 甘肃社会科学，2007（1）.

［20］胡纵宇. 大学场域中的生存异化——贫困大学生成长境遇的社会学分析［J］. 湖南师范大学教育科学学报，2013（5）.

［21］成伯清. "风险社会"视角下的社会问题［J］. 南京大学学报（哲学·人文科学·社会科学），2007（2）.

［22］池上新. 社会网络、风险感知与当代大学生风险短信的传播［J］. 中国青年研究，2014（2）.

［23］邓志强. 网络时代青年的社会认同困境及应对策略［J］. 中国青年研究，2014（2）.

［24］黄少华. 论网络空间的人际交往［J］. 社会科学研究，2012（4）.

［25］冯莉. 个体化时代城市青年的社会压力及其应对［J］. 中国青年研究，2014（2）.

［26］朱国华. 场域与实践：略论布迪厄的主要概念工具（下）［J］. 东南大学学报（哲学社会科学版），2004（2）.

［27］赵朝霞，等. 校漂族：游离在高校与社会推拉之间——校漂族社会融入实证研究［J］. 中国青年研究，2014（2）.

[28] 陈冲, 杨萍. 从社会距离的角度看校漂族的社会融入 [J]. 中国青年研究, 2012 (4).

[29] 周战超. 当代西方风险社会理论引述 [J]. 马克思主义与现实, 2003.

三、硕博论文

[1] 陈坚. 大学生存在焦虑、自我同一性与焦虑、抑郁关系研究 [D]. 福建师范大学, 2009.

[2] 孙大强. 大学生自我同一性与存在焦虑关系研究 [D]. 苏州大学, 2005.

[3] 郑秀娟. 中学生存在焦虑与自我同一性的关系研究 [D]. 河南大学, 2010.

[4] 江琴. 当代大学生自我认同危机研究 [D]. 华南师范大学, 2007.

[5] 曾成义. 大学生焦虑及其影响因素的研究 [D]. 华中师范大学, 2001.

[6] 黎伟. 大学生焦虑水平及其影响因素研究 [D]. 华中师范大学, 2002.

[7] 唐月芬. 大学生焦虑心理的实证研究：应该自我与实际自我的差异分析 [D]. 广西师范大学, 2004.

[8] 武成莉. 大学生焦虑与自我概念、应付方式的相关研究 [D]. 华南师范大学, 2004.

[9] 宫留记. 布迪厄的社会实践理论 [D]. 南京：南京师范大学, 2007.

[10] 王树青. 大学生自我同一性形成的个体因素与家庭因素 [D]. 北京师范大学, 2007.

[11] 庄西真. 学校行为的逻辑——关系网络中的学校 [D]. 南京：南京师范大学, 2005.

[12] 张廷赟. 吉登斯本体性安全理论研究 [D]. 南京：南京航空航天大学, 2010.

四、报刊类

[1] 吕剑波. 年轻人为何要重返"北上广"？[N]. 新民晚报, 2011-11-21.

五、电子文献

[1] 吴定平. 中国到底有没有世界一流大学 [J]. http://news.xinhuanet.com/comments/2010-04/16/c_1236763.htm.

六、英文文献

[1] Bourdieu. P. Pascalian meditations. Cambridge：Polity, 2000.

[2] Bourdieu. P and L. Wacquant. An Invitation to Reflexive Sociology. Chicago：The University of Chicago Press, 1992.

[3] Bourdieu. P. Outlineof A Theory of Practice. Cambridge: Cambridge University Press, 1977.

[4] Bourdieu. P. Reproduction in Education, Society and Culture. London: Sage Publications, 1990.

[5] Bourdieu, P. The Logic of Practice. Standford: Standford University, 1990.

[6] Giulianotti Richard, Sport. A critical sociology. Cambridge: Polity, 2005.

[7] BarbaraAdam, Ulrich Beck and Joost Van Loon edited. The risk society and beyond. London: Sage Publications, 2000.

[8] Ulrich Beck. Risk Society: Towards A New Modernity. London: Sage Publications, 1992.

附 录

附录1 调查问卷

大学生存在性焦虑研究调查问卷

亲爱的同学：

你好！我们希望通过本问卷了解当前大学生的存在性焦虑现状并分析其影响因素，进而对有关学生管理工作提供针对性的改进建议。请您在详阅填答说明后，根据您的实际情况填写问卷。本问卷各项答案无所谓好坏对错，且问卷所得结果只是作为调查研究获取信息的一种参考，不作任何个别呈现。所以请您根据自己的看法，放心填答，非常谢谢您的合作与协助！

一、基本信息

1. 年级：(1) 大一　(2) 大二　(3) 大三　(4) 大四
2. 性别：(1) 男　　(2) 女
3. 籍贯：
4. 年龄：
5. 家庭居住地：(1) 农村 (2) 城镇、矿区 (3) 中小城市 (4) 大城市
6. 是否独生子女：(1) 是 (2) 否
7. 父亲受教育程度：(1) 小学及以下 (2) 初中 (3) 中专、高中
　　　　　　　　　(4) 大专 (5) 大学及以上
8. 母亲受教育程度：(1) 小学及以下 (2) 初中 (3) 中专、高中
　　　　　　　　　(4) 大专 (5) 大学及以上
9. 家庭月人均收入：(1) 3000元及以下 (2) 3001~4000元
　　　　　　　　　(3) 4001~5000元 (4) 5001~6000元
　　　　　　　　　(5) 6001~7000元 (6) 7000元以上

二、请仔细阅读下面的陈述，按你的认同程度，在相应的选项上打"√"（①表示"非常不符合"，②表示"有点不符合"，③表示"不确定"，④表示"比较符合"，⑤表示"非常符合"。）

题号	题目	非常不符合	有点不符合	不确定	比较符合	非常符合
1	我觉得人生没有什么意义。	①	②	③	④	⑤
2	受到别人的影响，我也跟着思考人生的意义。	①	②	③	④	⑤
3	我觉得我是为自己而活，而不是为了父母的期望。	①	②	③	④	⑤
4	我认为自己是个有价值的人，至少与别人不相上下。	①	②	③	④	⑤
5	我常常虚度时间，无所事事。	①	②	③	④	⑤
6	我觉得理想与现实有很大的差距。	①	②	③	④	⑤
7	我乐意去做一些对社会有贡献的事情。	①	②	③	④	⑤
8	在与同学的合作过程中，我常成为局外人，不能创造价值。	①	②	③	④	⑤
9	我宁愿宅在宿舍在网上漫无目的地闲逛，也不想出去和同学一起活动（如学习、举办活动、外出游玩等）。	①	②	③	④	⑤
10	我常常在一个接一个的活动或团体组织中奔波忙碌，却不知道自己这样辛苦是为了什么。	①	②	③	④	⑤
11	当看到身边的同学朝着明确的目标努力奋斗时，我常感到自己无所适从，并为此忧虑。	①	②	③	④	⑤
12	我认为很重要的事，经常在别人看来无关紧要。	①	②	③	④	⑤
13	我的努力得不到父母的认可和支持。	①	②	③	④	⑤
14	整体而言，在过去的日子我对自己感到满意。	①	②	③	④	⑤
15	我对自己有充足的信心。	①	②	③	④	⑤
16	我对自己的专业课程不感兴趣。	①	②	③	④	⑤
17	我觉得找一个好工作和好成绩之间没有直接的关系。	①	②	③	④	⑤
18	我常常担心自己能力不够，找不到一个适合的工作。	①	②	③	④	⑤
19	在与他人的相处与交流中，我感觉他们并不能真正理解我。	①	②	③	④	⑤
20	当我遇到与他人不一致的观点时，我会忧虑并对自己的观点产生怀疑。	①	②	③	④	⑤
21	我感觉我融入不到同学的生活圈中。	①	②	③	④	⑤

续表

题号	题目	非常不符合	有点不符合	不确定	比较符合	非常符合
22	在社团活动或团体组织的生活中，我常感觉自己的努力得不到大家的认可。	①	②	③	④	⑤
23	我觉得学校的管理理念不符合我发展的需要。	①	②	③	④	⑤
24	我所学专业的课程设置使我对自己的就业前景感到忧心忡忡。	①	②	③	④	⑤
25	我难以适应和认同老师的教学方式，并为此感到忧虑。	①	②	③	④	⑤
26	我认为父母对我的教育不合理，使我在个性或技能方面存在缺陷。	①	②	③	④	⑤
27	当我去做未知的事情时，心里十分恐惧。	①	②	③	④	⑤
28	就算在一群人中间，我还是觉得很孤单。	①	②	③	④	⑤
29	在社交中，我总是被动的那一方。	①	②	③	④	⑤
30	我没有可以交心的好朋友，并为此感到忧虑。	①	②	③	④	⑤
31	一旦朋友不在身边，我就感到孤独或空虚。	①	②	③	④	⑤
32	无论是在学习上还是社团活动上，我总感觉身边的人在和我竞争，并为此感到压力。	①	②	③	④	⑤
33	在学习和生活的多个方面，我总感觉有人在阻挠我获得成功，并为此感到焦虑。	①	②	③	④	⑤
34	我总觉得别人对我抱有敌意，并为此感到不安。	①	②	③	④	⑤
35	在人多的地方（如商场、电影院等）我常感到不自在。	①	②	③	④	⑤
36	当别人回避我说话时，我总觉得他们在说我坏话。	①	②	③	④	⑤
37	我在家境比我好的同学面前感到自卑，并为自己的未来感到担忧。	①	②	③	④	⑤
38	我害怕达不到父母的期望，并为此感到焦虑。	①	②	③	④	⑤
39	我与父母的关系紧张，并因此影响到我的正常生活。	①	②	③	④	⑤
40	我害怕单纯的自己不能适应复杂的社会生活。	①	②	③	④	⑤
41	和中国文化相比，我更喜欢西方的文化。	①	②	③	④	⑤
42	和现代中国的文化相比，我更喜欢中国古代的传统文化。	①	②	③	④	⑤
43	我和父母有代沟，我不能理解他们老一辈的思考方式。	①	②	③	④	⑤
44	朋友的价值观念与我的价值观念不一致，我对自己的价值观念产生了怀疑并为此感到焦虑。	①	②	③	④	⑤
45	父母对我的期望与自我期望不一致，我为此感到焦虑。	①	②	③	④	⑤

续表

题号	题目	非常不符合	有点不符合	不确定	比较符合	非常符合
46	学校的管理理念与我的价值观有出入,我为此感到困惑。	①	②	③	④	⑤
47	PM2.5指数的升高、环境污染的日益严重让我感到忧虑。	①	②	③	④	⑤
48	地震、海啸、洪涝等自然灾害的频繁发生时常让我对自己的安全感到担忧。	①	②	③	④	⑤
49	大学生就业形势严峻,我对自己的就业感到担心。	①	②	③	④	⑤
50	房价的日益上升让我担心自己今后买不起房。	①	②	③	④	⑤
51	非典、禽流感、甲流等传染病肆虐威胁着我的人身安全。	①	②	③	④	⑤
52	公共安全事件频频发生,我对自己的人身安全感到焦虑。	①	②	③	④	⑤
53	我认为现代社会中人与人之间缺乏信任。	①	②	③	④	⑤
54	我认为父母的社会地位对我将来能否成功有着很大影响。	①	②	③	④	⑤
55	在高速变化的社会中,我不清楚自己存在的价值。	①	②	③	④	⑤
56	我认为通过自己的努力可以实现社会阶层的向上流动。	①	②	③	④	⑤
57	我认为中国的贫富差距过大。	①	②	③	④	⑤
58	战争、恐怖主义等让我对国家安全感到焦虑。	①	②	③	④	⑤
59	官员贪腐案屡屡发生,我对政府感到不信任。	①	②	③	④	⑤
60	科技的高速进步让我无所适从。	①	②	③	④	⑤

问卷到此结束,感谢你的认真作答!谢谢!

附录2 访谈提纲

大学生存在性焦虑访谈提纲

同学，你好！感谢你的配合来参加访谈！我的研究主要想了解在当前中国社会转型期，中国社会阶层流动越来越难，社会矛盾和问题越来越多的社会大背景下，我们大学生的生存状态如何？我们对自我、他人的感知和认识，对社会现象和问题的看法和思考。

一、总体状态

1. 大学期间总体状态如何？（充实、无聊、迷茫、焦虑？）为什么？
2. 平常的学习、上课、参加活动、任职等表现情况？有何感受？
3. 学习和生活的目标和规划情况？对自我的评价和感受？
4. 人际交往（同伴、师生）情况？有何感受，为什么？
5. 个人的兴趣爱好和生活方式？对学校、社会的了解和关注情况？

二、家庭背景

1. 家庭基本情况（籍贯、城乡、父母职业及教育水平、家庭成员等）。
2. 父母的教养方式、家庭氛围如何？父母对你的期望是什么？与父母的沟通方式和内容？
3. 家庭的重要社会关系如何？父母和家庭对自己的影响？
4. 生活花销情况和来源情况？
5. 将来的选择？主要考虑哪些因素？

三、大学场域

1. 对学校的归属感怎么样？对大学的期待是什么，你感受到的大学是什么样的？
2. 对于大学的教育教学质量、评价方式有何认识和感受？
3. 对于大学的管理有何认识和感受？能否举几个你印象深刻的例子？
4. 平常网络使用情况（时间、内容、方式等），对于网络的感受和对自己的影响?

5. 你认为来自不同地域、背景的同学之间有何差异？对于家庭条件和背景好的同学如何看待？

6. 在人际交往和公共场合中你通常是什么样的角色？为什么？

四、不确定性

1. 你对"知识改变命运"怎么看？你如何看待大学生的身份？

2. 是否了解社会阶层，社会分层等，有什么认识和感受？身边有些同学或同龄人家世显赫，衣食无忧，将来的就业等都不用担心，你怎么看？

3. 你的安全感、社会信任感如何？会不会感到无助和担心？在什么时候、什么事情上会有这种感受？

4. 很多人说现在是"官二代""富二代"（我爸是李刚，郭美美等）横行的时代，与此相对的是大部分弱势群体和"屌丝""蚁族"的存在，对此你怎么看？有何体会？你认为一个人成功主要是看什么？

5. 你知道"小悦悦"事件，过马路"扶不扶"这样的事件吗？总体来说，你对周边的环境和人的信任程度如何？对同学和老师的信任？对社会上的陌生人的信任？对政府和媒体？

6. 经常看到一些腐败和不公的新闻报道，你怎么看？在各种各样的社会问题和矛盾面前，你会不会感到价值观的冲突和混乱？在哪些问题或事情上这种感受最强烈？